自然传奇

在沙漠中求生存

主编：杨广军

花山文艺出版社

河北·石家庄

图书在版编目（CIP）数据

在沙漠中求生存 / 杨广军主编. —石家庄 ：花山
文艺出版社，2013.4（2022.3重印）
（自然传奇丛书）
ISBN 978-7-5511-0933-8

Ⅰ.①在… Ⅱ.①杨… Ⅲ.①沙漠－生态环境－青年
读物②沙漠－生态环境－少年读物 Ⅳ.①P941.73-49

中国版本图书馆CIP数据核字（2013）第080109号

丛 书 名：自然传奇丛书
书　　名：在沙漠中求生存
主　　编：杨广军
责任编辑：贺　进
封面设计：慧敏书装
美术编辑：胡彤亮
出版发行：花山文艺出版社（邮政编码：050061）
　　　　　（河北省石家庄市友谊北大街 330号）
销售热线：0311-88643221
传　　真：0311-88643234
印　　刷：北京一鑫印务有限责任公司
经　　销：新华书店
开　　本：880×1230　1/16
印　　张：10
字　　数：150千字
版　　次：2013年5月第1版
　　　　　2022年3月第2次印刷
书　　号：ISBN 978-7-5511-0933-8
定　　价：38.00元

目 录

自然传奇丛书

◎ 沙漠动物 ◎

◎ 沙漠巡礼 ◎

沙漠气候

　　沙漠的气候特点很多，如晴天多、阳光强、夏季热、昼夜温差大、风沙多等，究其原因是干燥造成的。因为干燥，云雨少、日照多、阳光强；因为干燥，天上没有云彩，不能遮挡阳光，加之地面没有水分，无法蒸发带走热量，太阳晒到地面的热量全都用来加热大地和空气，所以夏季温度特别高，昼夜温差特别大；因为干燥，地面很少有植物，一起风就刮沙。

　　除少量绿洲外，沙漠地区几乎只能生存耐干旱的植物群落，其他植物几乎绝迹。现在就让我们一起领略这让动植物都畏惧的特殊气候吧。

干燥酷热、终年少雨的热带沙漠气候

　　酷热是沙漠的杰作，有时候沙漠的绝对最高气温可超过50℃，地面温度则更高。在烈日当空时埋一个生鸡蛋在沙子里，用不了多久就可以吃到香喷喷的熟鸡蛋了。

　　世界上最热的地方在撒哈拉沙漠，作为世界上最大的沙漠，撒哈拉的热带沙漠气候也是最典型的。现在就让我们去了解酷热难耐的热带沙漠气候。

▲有云无雨的热带沙漠

自然传奇丛书

基本情况

▲热带沙漠主要分布图

▲被沙漠包围的绿洲

热带沙漠气候又称"热带干旱气候"，一般分布在南北回归线附近的大陆内部或大陆西岸，主要在非洲北部、非洲西部、澳大利亚中西部等地。热带沙漠的特点为年平均气温高，降水稀少，许多地区年降水量只有数十毫米，有的甚至数年滴雨不下，是地球上最干燥的气候类型。在这种恶劣气候下，适者生存，能存活下来的生物少而又少，只有那些耐干旱的矮小植物和具有特殊生存能力的小动物才能成为沙漠王国的主人。

小知识

撒哈拉沙漠是世界上最大的沙漠，阿拉伯语中撒哈拉的意思即为"大荒漠"。撒哈拉沙漠气候条件极其恶劣，是地球上最不适合生物生长的地方之一。撒哈拉沙漠位于阿特拉斯山脉和地中海以南，约北纬14°（250毫米等雨量线）以北，西起大西洋海岸，东到红海之滨。撒哈拉沙漠横贯非洲大陆北部，东西长达5600千米，南北宽约1600千米，总面积约906.5万平方千米，约占非洲总面积32%，差不多能将美国本土装进去。

气候特点

▲寸草不生的荒漠

具体来说，热带沙漠气候具有以下气候特征。

一、年降水量少而变率大。北非撒哈拉沙漠中的亚斯文曾有连续多年无雨的记录；而在南美智利北部沙漠的阿里卡，曾连续17年仅下过3次阵雨，总量仅5.1毫米，降水量极少。同样，位于智利北部的伊基圭沙漠曾连续4年无雨，但第5年的一次阵雨就降了150毫米，在另一年的一次阵雨记录竟达635毫米，变率大且无规律可循。热带沙漠的降雨多为暴发性的阵雨，由于缺少植被，往往会引起严重的水

自然传奇丛书

土流失。

二、气温高、温差大。由于云量少、日照强，又缺乏植被覆盖，沙土比热容小，因此白天气温上升极快。在北非曾有高达58℃的记录，一般夏天的月均温度大都在30℃～35℃之间。此外高温持续的时间很长，如阿拉伯半岛的亚丁，一年有5个月的月均温度都在30℃之上。沙漠的夜间较凉，

▲沙漠之舟

由于整夜无云，砂石的比热容小，散热快，夜间最低温度一般在7℃～12℃之间，也有出现薄霜的日子。热带沙漠的年温差一般在10℃～20℃左右，而日温差则更大，在15℃～30℃之间。在北非的黎波里以南的一个气象观测站，曾有白天最热达37.2℃，而晚上降至最低温−0.6℃的记录，日温差达37.8℃，真可谓"早穿皮袄午穿纱"。

三、蒸发强、相对湿度小。热带沙漠气候因为经常无云、风大、日照强、气温高、相对湿度小，因此蒸发力非常旺盛。热带沙漠的蒸发量约为降水量的20倍以上，甚至达100倍。空气中的相对湿度很小，在撒哈拉沙漠常出现2%左右的相对湿度。

四、植物数量和种类少。热带沙漠气候地带绿洲较少，只有零星的耐干旱植物，比如仙人掌。在沙漠边缘地带会有灌木丛分布，植被类型为热带荒漠。

万花筒

副热带高压带

在地转偏向力的作用下，赤道上空向南、北分流的空气运动至纬度30°左右，偏成沿纬圈运动的西风，空气质量积聚；同时空气在向高纬行进途中，温度渐降，有下沉趋势。因此，在南、北纬30°附近的地面上各形成一个动力性的高压带，称为副热带高压带。

形成原因

▲风在沙漠上留下的纹路

热带沙漠气候的形成受以下因素影响。

第一，受副热带高压带控制。副热带高压是一个动力高压，它是由于赤道上空的空气源源不断地流到副热带上空聚积，产生下沉气流，致使低空气压增高而形成的，属暖性高压。副热带地区天气晴朗干旱的主要原因是该地区盛行下沉气流。

第二，受干燥信风的控制。信风是从副热带高气压带吹向赤道低气压带的定向风。由于地球的自转，风向发生偏转，在北半球向右偏，成为东北信风；在南半球向左偏，成为东南信风。北半球副热带地区大陆西岸处于东北信风的背风面，大陆东岸处于东北信风的迎风面；同样，南半球副热带地区大陆西岸处于东南信风的背风面，大陆东岸处于东南信风的迎风

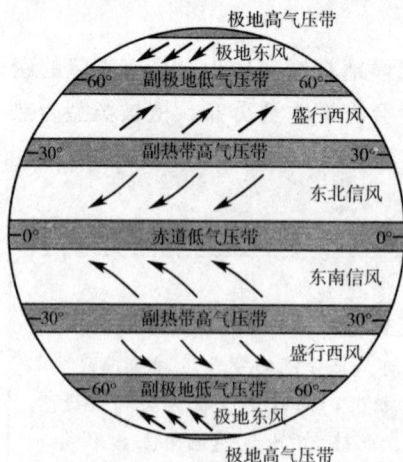

▲气压带与信风

▲世界洋流模式图

面。这样，使得南、北半球副热带地区大陆西岸降水稀少，气候干燥，易形成荒漠；而大陆东岸降水较多，不会形成荒漠。

第三，受寒流的影响。洋流对气候的影响很大，寒流相对湿度低，对所流经地区有降温减湿的作用；暖流相对湿度大，对所流经地区有增温增湿的作用。从图上可以看到，在副热带地区的大洋东边有寒流南下，影响大陆的西岸，故降水稀少，气候干旱；大陆东岸受暖流影响，故降水较多。副热带地区大陆内部热带沙漠气候的成因，除受副热带高压或干燥信风的影响外，还与远离海洋受海洋影响小有关。

自然传奇丛书

蒸发旺盛的亚热带沙漠气候

▲亚热带沙漠

亚热带沙漠气候属于由热带沙漠气候向其他气候旳过渡类型，亚热带沙漠气候基本特点与热带沙漠气候相似，也是全年干旱少雨、夏季高温炎热，但因纬度稍高，冬季气温比热带沙漠气候低。在这个章节中我们将一起走进热带沙漠气候高纬度的延伸——亚热带沙漠气候。

基本情况

▲北非大沙漠

亚热带沙漠气候位于热带沙漠气候的高纬度一侧，约在纬度25°～35°的大陆西岸和内陆地区，主要分布在亚热带大陆的内部，包括西亚的伊朗高原和安纳托利高原、美国西部的内陆高原以及南美的格兰查科等地。

气候特点

亚热带沙漠气候是热带沙漠气候向高纬度的延伸。它与热带沙漠气候的共同点：少雨、少云、日照强、气温高、蒸发旺盛。与热带沙漠气候的不同点：凉季气温较低，年较差比热带沙漠气候大。

由于亚热带沙漠深居内陆，距海远或因有山脉阻挡，湿润的气流难以到达，又因地处亚热带，盛夏时气温与热带沙漠气候相似，气温炎热。但凉季时因纬度较高获得的太阳辐射少，且有极地大陆气团侵入，常受温带气旋影响，有气旋雨。每年 8 月份（南半球为 2 月份），热带海洋气团入侵，有少量的对流雨，且天气暖和。

友情提醒

亚热带沙漠气候是受副热带高压和干燥信风作用形成的。

极端干旱的温带沙漠气候

▲温带沙漠气候

"早穿棉，午穿纱，抱着火炉吃西瓜"是流传在新疆塔克拉玛干沙漠地区的一句话，这并不是耸人听闻的传说，而是现实的生活场景。新疆塔克拉玛干沙漠属于温带沙漠气候，接下来就让我们一起了解这一沙漠气候类型的具体情况。

基本介绍

▲温带沙漠美丽景观

温带沙漠在南北纬度15°～35°之间，主要分布在温带大陆的内部。如中亚的卡拉库姆和克齐尔库沙漠、蒙古的大戈壁、美国西部的大沙漠以及我国的塔克拉玛干沙漠等。自然景观多为荒漠，自然植物只有少量的沙生植物。

温带沙漠主要分布在南北回归线附近的副热带高压控制地区，地处南北纬15°～35°之间的信风带。这些地方气压高，天气稳定，风总是从陆地吹向海洋，海上的潮湿空气却进不到陆地，表现为极端干旱，降雨稀少，年平均降水量200～300mm，有的地方甚至多年无雨。温

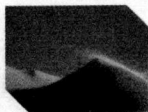

带沙漠夏季炎热，相对日照长，太阳辐射强，白天最高气温可达 50℃ 左右；冬季寒冷，最冷月平均气温在 0℃ 以下，气温年较差比较大，日较差也较大。

万 花 筒

吐鲁番年降雨量非常少，1968 年全年只有 2.9 毫米。

气候成因

沙漠是干燥气候的产物，干燥少雨是沙漠形成的必要条件。从整个地球来看，干燥气候区域（干旱区）的形成，主要与纬度、大气环流等因素有关。在南北纬 15°～35° 之间，是副热带高压带（又称回归高压带）控制的范围，终年为信风吹刮的区域。在高压带内的空气密度相对较大，空气下沉并形成绝热增温，使相对湿度减小，空气非常干燥。信风是由副热带高压带吹向赤道低压带，在吹向赤道的过程中不断增温；空气越热，消耗的水量也就越大，结果使它成为十分干燥的旱风。这样，在副热带高压带控制区，大气稳定，湿度低，少云寡雨，成为地球上雨量稀少的干旱区。

小 贴 士

中国的沙漠

中国沙漠大体位于北纬 35°～50°、东经 75°～125° 之间的温带地区。按照它们的纬度来说，不在世界沙漠带范围内，要偏北 15°～20° 左右。而与世界沙漠带同纬度的华南地区，不但没有沙漠，相反却温暖湿润，终年常青；无论是平原还是山区，到处一片郁郁葱葱。

气候特点

温带沙漠气候的特点很多，如日照时间长、光照强度强、空气干燥、夏季炎热、昼夜温差大、风沙多等。

▲火红的沙漠

降雨量（毫升）　温带沙漠气候　温度（℃）

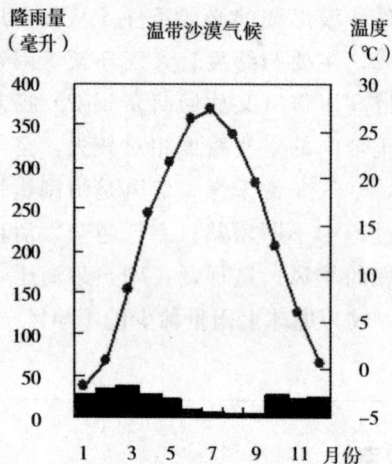

▲温带沙漠气候图表

在温带沙漠地区经常只听见雷声，却不见雨点。有时天空乌云密布，狂风怒吼，一道道耀眼的闪电照亮天空，眼看着一场雷雨就要来临，但常常是等了半天，雨点就是不下来。其实，天空中确实是在下雨，只不过因为空气太干燥了，雨滴经过厚厚的干燥的大气层，还没有落到地面，在半空中就被蒸发了。这种情况在气象学里称为雨幡。过去人们不明其理，称为"魔鬼雨"。

不过，因为沙漠中地表温度高，空气的上下对流非常剧烈，因此有时可以在云中生成极大的雨滴，这些雨滴一路上蒸发不完，还是能掉到地面上。不过这种雨的雨滴很稀，一位地理学家笑称，如果人能始终保持在雨滴之间，就可以在雨中行走而不湿衣。

气象部门经常用相对湿度来衡量空气中含水汽的多少，相对湿度100%时空气中含的水汽就饱和了。沙漠地区的平均相对湿度只有20%左右，午后经常会低于10%。有时，在气象记录里还会发现有0%的记载。也就是说空气中一点点水汽也没有，至少是仪器测不出来。在夏天相对湿度很低的情况下洗衣服，如果一件一件地洗，一般来说，洗到第三件时，第一件就已经干了，真是立等可穿。

12

物尽其用
——沙漠气候资源的利用

聂帕桐是生长在墨西哥西北部沙漠里的一种草本植物。它喜盐、抗干旱，盛产大型可食用果实。有专家认为，如果聂帕桐被移植到其他地区，它可成为一种主要的全球食用作物。其实尽管茫茫沙漠总是被看成不毛之地，但却拥有巨大的经济潜力。接下来我们就谈一谈沙漠气候资源的利用。

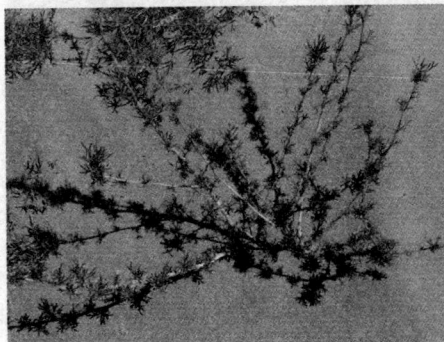

▲沙漠中的植物

沙漠资源的利用

联合国环境规划署原执行副主任沙夫卡特·柯克海尔表示，沙漠"从生物、经济和文化角度来看都是动态的，而且正日益受到现代世界的影响。它们也提供了新的经济和人类谋生潜力，这再次凸显出，在抗击贫穷方面，环境绝非可有可无的奢侈品，而是一个关键的因素"。

有些沙漠十分适宜发展鱼虾养殖业，而这些地区生长的多种植物也可入药及作为农产品。沙漠甚至可以成为可再生

▲撒哈拉沙漠计划建造世界最大的太阳能电厂

▲在沙漠中生存的沙生耐旱节水植物

能源产地，因为它拥有太阳能和风能发电的巨大潜力。

沙漠中养鱼，听起来犹如天方夜谭，但在以色列内盖夫沙漠和美国亚利桑那沙漠，均建立了水产养殖企业。鱼类养殖之所以可行，是因为沙漠地区的水资源通常含盐很高，适于某些鱼类生存。很多地方水温适中，含盐度也适于鱼类生存。养殖鱼类比种植蔬菜类农作物具有更高的效益，因为植物的叶面蒸腾和蒸发作用会损失大部分水分。

在干旱条件下仍能茁壮成长的农作物如聂帕桐，在实施集约灌溉的地区具有巨大潜力。节水植物可与其他植物进行杂交，以创造更加节水的多样化物种。麦斯卡尔酒和龙舌兰酒显示了种植仙人掌类植物的经济潜力；而辣椒、丝兰和仙人掌果也是有用的农作物。产自奇瓦瓦沙漠的大戟属植物可以用来制蜡。

医药专家也对沙漠物种产生了兴趣。联合国的有一份报告指出："沙漠植物的药用潜力至今尚未开发出来。"有几个较为突出的例子：产自非洲南部卡拉哈里沙漠的蝴蝶亚仙人掌正被作为食欲抑制剂进行推广；从摩洛哥发现的两种植物中提取的精华油似乎将有助于促进家禽生长；来自阿根廷、美国亚利桑那州及以色列的其他沙漠植物正被研究用来治疗癌症、疟疾和一些传染性疾病。

小 知 识

　　地球上将近四分之一的陆地表面被定义为沙漠，在那里生活着逾 5 亿人口。

利用沙漠与保护沙漠

然而，沙漠也面临着威胁。有报告显示，在气候变化的影响下，沙漠的降雨形态正在发生变化，包括抽取地下水资源在内的人类活动正危害着这些干旱地区。

伦敦大学地理教授安德鲁·沃伦表示，由于气候变化、地下水过度开采、土壤盐碱化和野生生物灭绝，沙漠正受到前所未有的威胁。沙漠中的少量降雨对于这里的生态系统至关重要。在 1976 年至 2000 年间，伊朗 Dashti Kbir 沙漠的降雨量减少了 16％，非洲南部卡拉哈里沙漠的降雨量减少了 12％。作为气候变化的影响之一，气温升高加速了水分的蒸发。美国科罗拉多河等许多流经沙漠的河流，由于人类在它

▲沙漠东进，敦煌绿洲正在消失

▲哭泣的胡杨

们的上游取水灌溉，其所携带的水量也在大大减少。当这些河流到达沙漠时，它们的含盐量比以前更高了。

从沙特阿拉伯到澳大利亚，人们在沙漠地区抽取地下水，为这些地区的居民提供了至关重要的灌溉和饮用水来源。然而，在许多地方，这些千百万年来一直深藏于含水地质层的水资源正在枯竭，而且这些水资源不可再生。

联合国近年极力敦促各国加强对沙漠资源的保护。如何利用巨大的沙漠资源改善生态环境，变沙害为"沙宝"、变沙漠为绿洲、变"死亡之海"

自然传奇丛书

为"希望之海"，已经是摆在当代人类面前的重大课题。

广角镜

每年 6 月 5 日是世界环境日。爱护地球环境，人人有责。

广角镜——沙漠日光温室

▲沙漠日光温室

沙漠日光温室，指在沙漠里高标准育苗、日光温室、无土栽培和节水保肥等多种栽培模式。

作为新中国第一个荒漠生态自然保护区，宁夏中卫县沙坡头在治理流沙、开放沙漠旅游、建立生态温室及日光温室等方面取得了明显的经济成果。

从 20 世纪 80 年代起，为了充分开发利用沙漠资源，节约引黄灌区耕地，缓解沙坡头区人多地少、土地资源短缺的矛盾，探索在干旱沙漠地区发展设施农业与生态防风治沙相结合的新模式，推动设施农业向更高层次发展，相关技术成员在腾格里沙漠腹地经过反复摸索试验，研究建设了草砖墙体沙漠温棚和探索出了有机果菜水肥一体化配套生产技术。建起的试验棚、示范棚种植蔬菜均获成功。沙漠日光温室里生产的西红柿、辣椒、茄子、乳瓜等五彩瓜果，书写了大漠里的"绿色奇迹"。

你知道吗?

沙坡头的治沙成果被联合国环境规划署确定为"全球环境保护 500 佳"。

广角镜——沙漠太阳能发电

未来太阳能的大规模利用是用来发电。利用太阳能发电的方式有多种，目前已实用的主要有以下两种。

1.光—热—电转换。即利用太阳辐射所产生的热能发电。一般是用太阳能集热器将所吸收的热能转换为工质的蒸汽，然后由蒸气驱动汽轮机带动发电机发电。前一过程为光—热转换，后一过程为热—电转换。

2.光—电转换。其基本原理是利用光伏效应将太阳辐射直接转换为电能，它的基本装置是太阳能电池。

有关资料显示，地球上的沙漠在6小时日照中吸收的能量要比人类1年消耗的能量还多。为了将太阳能提供给消费者，减少全球对矿物燃料的依赖，欧洲一些私人公司和基金会成员单位于2009年7月13日在慕尼黑签订了一份谅解备忘录，支持成立一家相关公司来执行沙漠工业计划（DII）。该计划将投资数十亿美元，在整个撒哈拉沙漠中建设多个太阳集热电厂，太阳集热电厂将一组镜面组合到一起，将太阳光聚焦到一个充满液体的管子上，使其发热产生蒸气来推动涡

▲太阳能热发电装置

▲太阳能热发电装置

自然传奇丛书

轮发电，并将生产的电能输送到北非、中东和欧洲。到2050年，这项计划将具备1000亿兆瓦的发电能力。DII的目标是"在北非沙漠中进行无碳发电，制定一个技术、经济、政治、社会和生态框架"。

　　未来40年，太阳能电厂能够向欧盟、中东、北非地区提供50％以上的电力需求。为了满足每年约18万亿千瓦时的全球电力需求，需要在沙漠中装备9万平方千米太阳能采集器。约20平方米沙漠就可以满足一个人一日夜的电力需求，而所有这些绝对是零碳排放的。

沙漠植物

  沙漠整个环境异常干热，植物贫乏，动物也很稀少。但是，就是在这样的不毛之地，总有一些特殊的植物生存着，它们那顽强的生命力令人惊叹。

  在沙漠里，植物要在严酷干旱的气候中求得生存不是一件易事，不过沙漠里的植物们自有它们的办法。为了适应沙漠的气候，它们长成了与众不同的奇怪相貌。有些沙漠植物采取的是"惹不起，躲得起"的策略，它们会在干旱炎热的夏季里落叶休眠，等到夏去秋来，再继续生长发芽。

  坚韧不屈的沙漠植物，总是和酷热、干燥、风沙斗争到底，它们是沙漠里一道最美的风景线。

干旱地区的珍宝——奇异的沙漠植物

　　自然界形形色色的动植物为了生存都能显示出其坚强的一面。大到大象、鲸鱼，小到蚂蚁、蜜蜂都能给人以启示。植物更是如此，特别是在沙漠中生长的植物，它们的坚强总是令人感叹不已。这些生长在沙漠里的植物，也许它们的样子是怪了点，不过它们长成这样都只有一个目的：在沙漠干旱的天气里求得生存。同时，它们的存在也给茫茫沙漠带来了生机。

▲沙漠植物——仙人掌

沙漠植物的主要特征

　　沙漠植物指的是在沙漠环境条件下生存的植物。

　　沙漠地区气候干旱、高温、多风沙，土壤含盐量高。植物要有奇异的适应沙漠自然环境的能力才能生存和生长。因此，沙漠里的植物与一般地区的植物相比较，在外表形态、内部结构，以及生理作用等方面都很不相同。

▲坚强的沙生植物

沙漠植物的主要特征有：

　　一、多数的多年生沙生植物有强大的根系，以增加对沙土中水分的吸

自然传奇丛书

▲治沙先锋——黄柳

▲美丽而壮观的沙漠植物

取。一般根深和根幅都比株高和株幅大许多倍，水平根（侧根）可向四面八方扩展很远，不具有分层性，而是均匀地扩散生长，避免集中在一处消耗过多的沙层水分。如灌木黄柳的株高一般仅2米左右，而它的主根可以钻到沙土里3米半深，水平根可伸展到二三十米以外，即使受风蚀露出一层水平根，也不至于造成全株枯死。但是，一些一年生的植物根却很浅，春天偶然降点雨，哪怕是很少，只要地表湿润，它们也能充分利用起来，蓬勃地生长、开花、结果，在相当短暂的时间里完成它的生命周期，以便躲过干旱高温的夏季。人们称它们为"短命植物"。

二、为减少水分的消耗，减少蒸腾面积，许多植物的叶子缩得很小，或者变成棒状或刺状，甚至无叶，用嫩枝进行光合作用。梭梭就没有叶子，由绿色枝条进行光合作用的，故称为"无叶树"。有的植物不但叶子小，花朵也很小，例如柽柳（红柳）就是这样。有的植物为了抑制蒸腾作用，叶子的表皮细胞壁木质化，角质层加厚，或者叶子表层有蜡质层和大量的毛被覆，叶组织气孔陷入并部分闭塞。

三、许多沙生植物的枝干表面变成白色或灰白色，为了抵抗夏天强烈的太阳光照射，免于受沙面高温的炙灼，如沙拐枣。

四、有很多植物的萌蘖性强，侧枝韧性大，能耐风沙的袭击和沙埋。柽柳就是这样，沙埋后仍可生不定根，萌枝生长更旺。中国沙漠、戈壁地

区，风沙活动强烈，生长在低湿地的柽柳经常遭到流沙的侵袭，使灌木丛不断积沙。而柽柳在沙埋后由于不定根的作用，仍能继续生长，于是"水涨船高"，形成了高大的灌木丛沙堆（沙包）。

五、许多植物是含有高浓度盐分的多汁植物，可从盐度高的土壤中吸收水分以维持生活，如碱蓬、盐爪爪等。

六、沙漠里的植物传种的办法也是很奇特的。很多一年生或多年生的植物种子上长了翅膀或毛，种子成熟后就随着风远扬，遇到合适的地方就发芽生长。如柽柳的种子粒小，有白色冠毛，借风飘落，天然下种，种子发芽率可达80％以上。种子一落到低湿地上，一般2～3天就可发芽出苗，迅速生长。还有的植物，像花棒一样的荚果有节，成熟时间段落下，每节鼓起呈球状，体轻，遇风即在沙地表面滚动，不被沙埋，在条件合适时迅速发芽生长。有一种油蒿的种子，遇上一点点雨水后，立即渗出胶质，俗称"油蒿胶"，变得黏黏的，随着风在沙丘上滚来滚去，当全身粘上很多沙土后就发芽了。

知识窗

中国沙漠里的植物

中国沙漠地区的自然条件严酷，能适应这些条件的植物种类虽然远比其他自然地带要少，但是由于地区辽阔，野生植物资源还是比较多的，总数达1000种左右，其中包括不少经济价值较高的用材林、药用植物、纤维植物等。

西北内陆的独特植物——骆驼刺

在巍巍祁连山下，在茫茫戈壁滩上，生存着一种西北内陆独特的植物——骆驼刺，无论生态系统和生存环境如何恶劣，这种落叶灌木都能顽强地生存下来并扩大自己的势力范围。君不见在一望无际的戈壁滩上，在白杨都不能生存的环境中，只有一簇又一簇的骆驼刺在阳光下张扬着生命的活力。

▲骆驼刺

骆驼刺的基本情况

▲骆驼刺近照

骆驼刺属豆科，是落叶灌木。它主要分布在内陆干旱地区，新疆全境，特别是南疆都有分布。骆驼刺是骆驼的牧草，所以又称骆驼草，它是一种矮矮的地表植物。骆驼刺的主要枝上长着很多刺，叶子呈长圆形。它的花一般呈粉红色，每年6月开花，8月最盛，每朵花可开放20余天。花有花内和花外两种蜜腺，花外蜜腺泌汁凝成糖粒，称

为刺糖，一株可得 100 多克。

为了适应干旱的环境，骆驼刺尽量使地面部分长得矮小，同时将庞大的根系深深扎入地下。骆驼刺的根系一般长 20 米，如此庞大的根系能在很大的范围内寻找水源，吸收水分；而矮小的地面部分又有效地减少了水分蒸腾，使骆驼刺能在干旱的沙漠中生存下来。

小 知 识

骆驼刺分布在沙漠和戈壁深处，吸取地下的水分和营养，是一种自然生长的耐旱植物。

名称由来

尽管骆驼刺名字的由来是因为其茎上长着刺状的很坚硬的小绿叶，但是它毕竟是草本植物，也是戈壁滩和沙漠中骆驼唯一能吃的赖以生存的草，故又名骆驼草。骆驼草往往长成半球状，大的一簇直径可达 1~2 米；小的一丛直径有 0.5 米左右，星星点点无计其数。这种植物的根系十分发达，是地表上茎叶半球的 2 倍

▲骆驼刺的花

甚至 3 倍，在春天多雨的季节里它会吸足水分，以供养这一丛骆驼草一年的生命之需。也正是因为如此，它才能在恶劣干旱的环境里生长。

骆驼刺的价值

骆驼刺是耐盐、抗旱、蛋白质含量丰富的多年生豆科牧草。利用干旱荒漠区大量盐碱地和荒地进行人工种植，作用巨大，成效显著。

骆驼刺的根系发达，而且能抗涝，适应力非常强。在干旱荒漠农牧区大面积种植骆驼刺可以改土治沙，改善环境，也为荒漠动物生长提供饲草料，是解决水源奇缺的荒漠地区建立人工草地、缓和家畜冬春饲草不足的有效办法，也是解决农区人畜争粮矛盾的突破口之一。骆驼刺的合理利用是实现经济效益、生态效益和社会效益三统一的重要途

▲古尔班通古特沙漠的骆驼刺

径，同时也为草地畜牧业和农区畜牧业的有益结合探索出新的道路。

小知识——骆驼刺的药用价值

广袤的荒漠戈壁上生长的骆驼刺，除了具有保障生态安全的功能外，还有没有其他重要用途呢？

骆驼刺能分泌糖类物质，干燥后收集的刺糖是少数民族用于治疗腹痛腹胀、痢疾腹泻、滋补强壮、平衡体液和异常胆液质的民间用药。

现在科学家经过多年的研究发现，从骆驼刺中分离出来的一些化合物在抗氧化、抗过敏、抗肿瘤等方面具有良好表现，其全新化合物抗癌活性为首次发现。通过对骆驼刺、刺糖活性化学成分进行系统研究，分离鉴定了50个化合物，其中14个化合物为骆驼刺属植物中首次发现，4个为

▲研究人员正在仔细观察骆驼刺正丁醇提取物

自然传奇丛书

骆驼刺植物中首次发现。其中新化合物异黄酮木脂素的发现则是全新的，此类物质在自然界中很难发现，对鼠肺癌细胞株显示出中等强度的诱导活性，预示其具有抗癌应用价值。

观音刺中的芙蓉——仙人掌

仙人掌大多生长在干旱的地方，由于长年消耗水量少，它适合生存在荒漠、干旱、光照强的区域里。仙人掌以它那奇妙的结构、惊人的耐旱能力和顽强的生命力，受到人类的赏识。不管是在什么样的沙漠里，它总能与环境和谐相处。现在就让我们一起来了解它吧。

仙人掌的基本情况

仙人掌是一种植物，属于石竹目沙漠植物的一个科，仙人掌科的植物有近 2000 种。由于对沙漠缺水气候的适应，仙人掌的叶子演化成针刺状，以减少水分蒸发，亦能作阻止动物吞食的利器。仙人掌的茎肥厚并具有贮水功能，同时，它长有覆盖范围非常大的根系，以便下雨时吸收尽可能多的雨水。

仙人掌类植物原产南北美洲的热带、亚热带大陆及附近一些岛屿，部分生长在森林中。从产地与生态环境看，可把它分为三类。

一、原产热带、亚热带干旱地区或沙漠地带。在土壤及空气极为干燥的条件下，借助于茎叶贮藏的水分而生存。

二、原产热带、亚热带的高山干旱地区。这些地区水分不足，日照强烈，风大，气温低，形成的多浆植物植株矮小，叶片多呈莲座状，或密被蜡层及绒毛，以减弱高山的大风及强光危害，减少蒸腾。

三、原产热带雨林中。这些种类不生长在土壤中，而是附生在树干及岩石上，其生态习性近于附生兰类。

自然传奇丛书

广角镜

多浆植物

多浆植物又称多肉植物、肉质植物，意思是指具有肥厚多汁的肉质茎、叶或根的植物。多浆植物并不是一个严格的植物学意义上的分类，而是一个通俗的称谓。全世界约有多浆植物1万余种，分属40多个科。其中属仙人掌科的种类较多，因而栽培上又将其单列为仙人掌类植物，而将其他科的植物称多浆植物。

知识库

原始的仙人掌类植物是有叶的。后来为了适应环境以求生存，仙人掌的外形发生了变化，正常的扁平叶逐渐退化成圆筒状，进而又退化成鳞片状，最后完全消失。

仙人掌的形态

仙人掌大多生长在干旱的环境里，有的呈柱形，高10多米，重量约数十吨，巍然屹立，甚为壮观。有的寿命高达500年以上，可以长成直径两三米的巨球，人们可劈开它的上部，挖食柔嫩多汁的茎肉解渴充饥。

仙人掌类植物还有一种特殊的本领，即在干旱季节，它可以不吃不喝地进入休眠状态，把体内的养料与水分的消耗降到最低程度。当雨季来临时，它们又非常敏感地"醒"过来，根系立刻活跃起来，大量吸收水分，使植株迅速生长并很快地开花结果。有些仙人掌类植物

▲一种名乔利亚掌的仙人掌

▲昙花

▲沙漠中的巨型仙人掌

的根系变成胡萝卜状，可贮存三四十千克水分。曾经有人把一个仙人球包在干燥的纸袋里放了两年多，取出后发现只是有些皱缩，但一种到盆里，浇水后又很快长出了新根，并恢复生长。仙人掌以它那奇妙的结构、惊人的耐旱能力和顽强的生命力，受到人类的赏识。

仙人掌的奇形怪状加上锐利的尖刺，使人望而生畏，但它们开出的花朵却分外娇艳，花色丰富多彩。如长鞭状的"月夜皇后"，开白色的大型花朵，直径达五六十厘米。被人们喻为"昙花一现"的昙花，就是原产中、南美洲热带森林中一种附生类型的仙人掌类植物。

仙人掌以花取胜只是培养者宠爱它的一个原因，而形状、颜色各不相同的刺丛与绒毛也受到许多观赏者的喜爱。尤其是一些鲜红、金黄的刺丛与雪白的绒毛品种，更是千姿百态，难怪有人称它们为"有生命的工艺品"呢。

你知道吗？

明朝末年，仙人掌被引入我国，如今在全国各地都能见到它们的踪影。在华南沿海地区和西南干热河谷地段，仙人掌战胜了当地的原生植物成为优势群落，那里原有的天然植被景观恐怕我们永远都见不到了。

仙人掌的价值

人们常常认为，仙人掌只是观赏植物，没太大用途。其实不然，很多仙人掌类植物的果实不但可以生食，还可以酿酒或制成果干。仙人掌历来是美洲的传统食品，是人们日常生活中不可缺少的一种特色蔬菜和水果。人们将仙人掌洗净切碎后制成羹汤，或是架在炉上烤制，或是做成饼馅，或是直接将新鲜的仙人掌腌制，还有的用仙人掌来酿酒。在墨西哥的市场上，一些片状仙人掌的嫩茎可作为蔬菜出售。有些柱状仙人掌的木质躯干一直被印第安人用做建筑材料。仙人掌片状茎节不仅可以作牲畜饲料，而且它的黏稠汁液还可作为清洁水质的净化剂使用。

▲仙人掌可以做成美味佳肴

同时，仙人掌还有药用价值。在每100克可食仙人掌中，约含220微克维生素A，16毫克维生素C，1.6克蛋白质，2.7毫克铁。近年来，许多国家已开始用仙人掌治疗动脉硬化、糖尿病和肥胖病，并且取得了很好的效果。据说，这主要是由于仙人掌所含的维生素能抑制脂肪和胆固醇的吸收，并可以减缓对葡萄糖的摄取。食用仙人掌的营养十分丰富，它含有大

▲仙人掌可以榨汁

量的维生素和矿物质，具有降血糖、降血脂、降血压的功效。食用仙人掌的嫩茎可以当作蔬菜食用，果实则是一种口感清甜的水果，老茎还可加工成具有除血脂、降胆固醇等作用的保健品、药品。闻名天下的墨西哥点心、菜肴，就是用当地的仙人掌科植物的花卉烹制出来的。

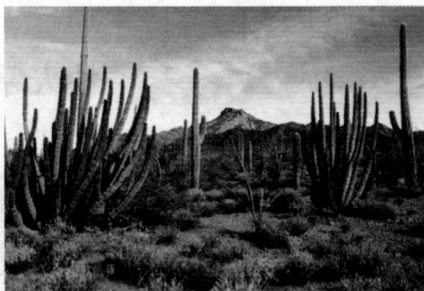

▲沙漠中顽强生长的仙人掌

旺盛的生命力

▲干旱环境中的仙人掌

在一向被称为"不毛之地"的沙漠里，仙人掌却能够傲然生存，繁衍不息，它们能在干旱少雨又不知何时下雨的沙漠里生存，这是它们最非凡的特性。

仙人掌表面有层蜡质，叶子也演变成了针状，缩小了外表面积，从而减少了水分蒸腾。仙人掌进化了肉质茎、蜡质表皮和尖尖的叶刺，此外凭借自身发达的根系，使它们在这种艰苦生态环境下能具备全部的生长优势。肉质茎充当水库，根据其蓄水的多少可以进行膨胀和收缩，而上面的叶绿素代替了叶片进行光合作用，皮上的尖尖的刺可以防止口渴的动物把它当成食物。

蜡质保护层可以保持湿气，减少水分蒸腾，尖尖的刺可以防止口渴的动物把它当成食物。

自然传奇丛书

它们通常发展出众多的浅根，只扎在地表下一点点，根系分布能扩展到它周围的一二米，以尽可能地吸收水分。当下雨时，仙人掌会长出更多的根；当干旱时，它的根会枯萎、脱落以保存体内的水分。生物学家爱德华兹说："仙人掌与水的结合比与它生长的土壤的结合更为密切。生长时，仙人掌冒着水分流失到土壤的风险，因此，它就不得不将自己与土壤分开。"但遇到沙尘暴时，却容易被吹走。

▲醉人的仙人掌花

有人实验，6年不给仙人掌浇水，它还顽强地活着。据说一些大仙人掌的寿命可达数百年。世界上最大的仙人掌高达 15～18 米，直径 30～60 厘米，重 10 余吨，里面可以贮藏上千千克的水。行人口渴了，就可以随时挖取多汁的茎肉解渴。

自然传奇丛书

知识窗

物种入侵

在澳大利亚，仙人掌的入侵危害非常显著，当地政府和人民曾采取种种方法与仙人掌作斗争，效果都不大。后来，从南美洲引进了仙人掌天敌——加布克拉斯毛虫才解决了问题。

万花筒——仙人掌之国

墨西哥素有"仙人掌之国"的名称。仙人掌是墨西哥的国花。仙人掌类植物全世界有两千多种，其中一半左右产自墨西哥。高原上千姿百态的仙人掌在恶劣环境中，任凭土壤多么贫瘠，天气多么干旱，它却总是生机勃勃、凌空直上，构成墨西哥独特的自然景观。为了展示仙人掌的风采，弘扬仙人掌精神，墨西哥人

每年8月中旬都要在墨西哥首都附近的米尔帕阿尔塔地区举办仙人掌节。节日期间，政府所在地张灯结彩，四周搭起餐馆，展售各种仙人掌食品。

小知识——仙人掌嫁接蟹爪兰

▲仙人掌嫁接蟹爪兰

嫁接时间在春末夏初或夏末秋初均可，但以春末夏初嫁接最好（4月底至6月初）。这时正值蟹爪兰和仙人掌的生长旺季，理想的接穗和砧木易选。另外，此时温度适宜，接穗和砧木的亲和力强，不易腐烂，成活率相对比较高。

接穗应选用生长旺盛的带有顶尖的嫩枝条最理想，长约8～10厘米。用仙人掌做砧木，选用专门用来做砧木单养的一年生单片仙人掌，长约15厘米左右，肉质要薄厚适中。

如果想获得一树多花的效果，可在同一株仙人掌上嫁接几个品种（3～6个最好），这样开花时就会五颜六色了。

自然传奇丛书

不长叶子的奇树——光棍树

在沙漠的严酷条件下生存的植物有一些本身具有特殊的毒性。比如这一节中介绍的光棍树，它的乳汁就有毒。光棍树汁液有促进肿瘤生长的作用，通过促使人体淋巴细胞染色体重排而致癌；刺激皮肤可致皮肤红肿；不慎入眼可致人暂时失明；甚至有致泻作用。光棍树汁液还可以毒杀小鱼。

▲光棍树

自然传奇丛书

光棍树概述

光棍树又名绿玉树，原产非洲东部，广泛栽培于热带和亚热带，我国南北方均有栽培，可作温室栽培观赏。光棍树属小乔木，高2～6米，直径10～25厘米。树老时呈灰色或淡灰色，幼时是绿色的。树的上部平展或分枝。光棍树的叶互生，呈长圆状线形，常生于当年生嫩枝上，稀疏且很快脱落。光棍树的茎具有光合作用功能，所以常呈无叶状态。据实验表

▲光棍树的嫩枝

明，光棍树乳汁中碳氢化合物的含量很高，是很有希望的石油植物。

特殊的生存本领

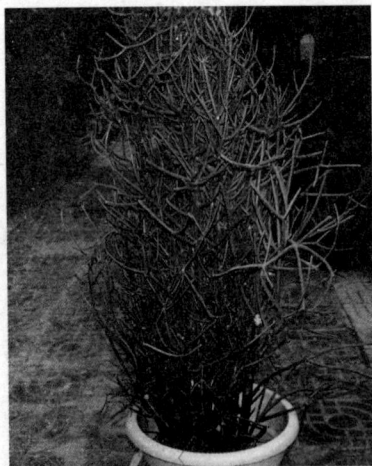

▲室内盆栽光棍树

在冬天，常常见到树叶落个精光，这是自然界的巧妙设计。因为冬季寒冷，阳光少，到了这个季节，树叶的光合作用降低了。正好这段时间是严寒、干旱的日子，树本身从地下吸取的水分已经不足，如果有树叶来消耗水分及其他养分，树木便很难维持生命。因此，落叶是树木减轻负担的一种措施。到来年阳光、雨水充分时，它又能长出新叶来。

但大自然的确是无奇不有的，有一些树，根本就不遵循上述自然规律，光棍树就是其中的一种。光棍树原产地为东非和南非，那里的气候炎热、干旱缺雨，蒸发量十分大。在这样严酷的自然条件下，为适应环境，原来有叶子的光棍树经过长期的进化，叶子越来越小，逐渐消失，终于变成今天这副怪模样。光棍树没有了叶子，就可以减少体内水分的蒸发，避免了被旱死的危险。光棍树虽然没有绿叶，但它的枝条里含有大量的叶绿体，能代替叶子进行光合作用，制造出供植物生长的有机物，这样光棍树就得以生存了。但是，如果把光棍树种植在温暖潮湿的地方，它不仅会很容易地繁殖生长，而且还可能会长出一些小叶片呢！生长出的这些小叶片，可以增加自身水分的蒸腾量，从而保持光棍树体内的水分平衡，这就是所谓的适者生存！

你知道吗？

像光棍树这样的木本植物世界上还有几种，如木麻黄、梭梭和假叶树，也是光有枝而无叶的树。

自然传奇丛书

小知识——光棍树的实用价值

光棍树的毒性：白色乳汁有剧毒，观赏或栽培时需特别小心，千万不能让乳汁进入人的口、耳、眼、鼻或伤口中。光棍树的汁液有促进肿瘤生长的作用，通过促使人体淋巴细胞染色体重排而致癌；刺激皮肤可致人红肿，不慎入眼可致人暂时失明。但这种有毒的乳汁却能抵抗病毒和害虫的侵袭，从而起到保护树体的作用。

光棍树有一定的药用价值，药用少量，有催乳、杀虫、解毒作用，主治产后乳汁不足、癣疮、关节肿痛等，另外，它的除虫效果很不错。

光棍树榨汁后剩余的纤维还可用作造纸原料，茎内的白色乳汁可制取生物柴油，低污染、可再生，是高效环保的能源植物。

知识库

说不定将来光棍树可以成为石油的替代品，戴上未来"能源之星"的桂冠。

光棍树的栽培

光棍树可以在我国南方露地栽培，栽培时要选择地势高、排水良好的地方，防止土壤积水。如果盆栽，要选择肥沃、排水透气良好的沙壤土作培养土，浇水不宜过多，保持适当干燥。

春、夏季可放到阳台或室外，并适当修枝整形，则生长健壮，株形美观、丰满。生长期间，要给予充足的光照。但炎热、高湿的夏季不宜强光暴晒，要适当遮阴，并保持通风。冬季应将其移入室内，保持8℃～10℃的温度，节制浇水即可安全越冬。

自然传奇丛书

自然传奇丛书

大漠黄沙的"沙煤"——梭梭

梭梭是名副其实的沙漠宝树，它分枝多，根粗壮，耐旱耐寒，耐沙埋耐土压，不怕风吹沙打，是沙漠里优良的防风固沙植物。梭梭的枝条还是骆驼的饲料。梭梭枝条用作薪炭柴，燃烧热值高，火力旺，冒烟少，故有"沙漠活煤"之美名。不过，现在不提倡砍伐梭梭当柴烧，那样太浪费了，尤其会破坏生态环境。我们只有

▲梭梭群落

让沙漠中梭梭长得越多越密，沙漠里绿色盎然，沙尘暴才不会肆虐。

梭梭概述

▲梭梭的花像梅花

梭梭又名琐琐。全世界的梭梭有十多个品种，但主要集中在西亚和中亚地区。梭梭在我国内蒙古、新疆、青海、甘肃及宁夏均有分布，其垂直分布一般都在海拔 150～1500 米之间，在青海柴达木盆地，海拔达 2600 米左右的地方也偶有发现。

梭梭是一种灌木或小乔木，高 1～4 米，有的高近 10 米，树干直径 50 厘米左右，这在沙漠中可算是苍劲挺拔的了。

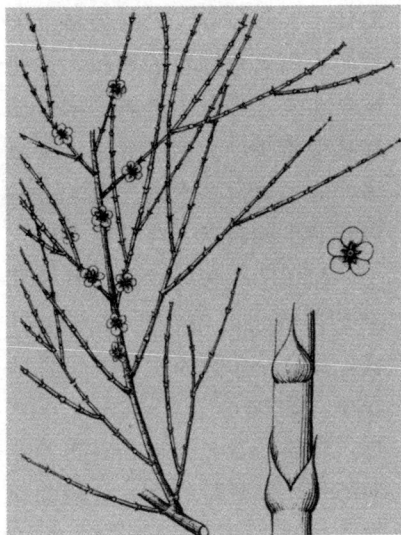

▲梭梭枝叶和花

▲梭梭小枝

　　梭梭具有生长慢、树龄长的特点。对梭梭的每个年龄阶段，我们可以从树形、长势上来判断：9年龄以下的幼树，树冠高度大于宽度，呈卵圆形，小枝挺直向上。

　　10～20年的中年树，树冠的高生长已经减缓，呈圆球形，小枝开始下垂。

　　20～25年的成年树，停止高生长，树冠稀疏，树梢开始枯萎。

　　30年以上的老树，树梢严重枯萎，整个树丛逐渐衰败。

　　梭梭的寿命可以达到五六十年甚至上百年，堪称沙生植物中的"寿星"。梭梭每年4月底至5月初开花，花细小而繁多，色淡黄而不艳，花期稍纵即逝，不容易引起人们的注意。梭梭的花有5个花瓣，在果期变成五个膜质翅，保护着种子，远看像迎春的腊梅，给荒漠点缀着烂漫春色。

梭梭的生存本领

　　为了适应沙漠生活，梭梭进化得很彻底，如不仔细观察，你根本就找不到梭梭的叶子，在梭梭那些绿色的枝条上只有一些对生的宽三角形的鳞片，它们就是梭梭已经退化的叶片。叶片光合作用的功能都由绿色的枝条

▲梭梭的枝条

▲梭梭的根系

取代了。每年春天，梭梭枝干上就萌生出大量绿色的嫩枝，这些枝条在夏天烈日下蒸腾的水分比起其他植物的大型叶片来可少多了，为了躲避冬天的严寒，一些当年萌生的枝条又会落掉。

梭梭不仅枝叶特殊，其花其果更有特色。梭梭的花单生叶腋，排在一个枝条上像一个穗状花序。梭梭每朵花有 5 个花被片，膜质、黄色。梭梭真正的花期不长，但奇特的是，梭梭的花被片在结果时不但不脱落，反而长得更大，背部还各有一个横生的翅。这些翅能帮助梭梭随风把果实传到很远的地方。梭梭的果实叫胞果，半圆球形，如果剥掉果皮和种皮，就会露出螺旋状的胚来，像个陀螺，很有意思。8至9月，梭梭的那些背托宿存花被片上的果实，在枝条上一串串，犹如沙漠中盛开了株株梅花。而且梭梭也确实像梅花傲雪一样坚强地面对风沙，所以人们都称赞梭梭是"沙漠梅花"。

梭梭具有极强的生命力，它的树冠常年经受烈日的烘烤和狂风的撕扯，但却执着地吸取着大地的精华，并用其来之不易的精华毫不保留地滋润着荒漠肉苁蓉。

梭梭的实用价值

梭梭材质坚重而脆，燃烧火力极强，且少烟，号称"沙煤"，是优质燃料。梭梭是良好的饲用小半乔木，有每年落枝的习性。荒漠地区的牧民称它为骆驼的"抓膘草"，骆驼喜食；羊在秋末也食用落在地上的梭梭嫩枝和果实。

梭梭也是重要的固沙植物，对防风固沙、治理沙漠具有重要作用，干枯的梭梭枝干还可供修建棚圈等之用。

梭梭是名贵药材肉苁蓉的寄主植物，传说自然界中先有荒漠肉苁蓉后有沙漠，因为荒漠肉苁蓉吸尽了大地的精华、万物的灵气，所以才使大地变成了沙漠，因此，荒漠肉苁蓉也被称为"地精"。但由于长期不合理的放牧、樵采及挖掘肉苁蓉，生态破坏极其严重，肉苁蓉分布面积日趋缩小。

▲ 肉苁蓉寄生在梭梭根部

为了可持续发展，应大力保护梭梭。肉苁蓉产区严禁乱砍滥伐，防止梭梭草场大面积退化。对已破坏的梭梭草场应进行封闭，以促进其自然更新。选择适宜梭梭生长地带，用育苗、移栽的方法建立人工梭梭草场。挖肉苁蓉应有组织、有计划地进行，挖后必须填埋坑穴，以利梭梭的生长。

沙漠人参——肉苁蓉

肉苁蓉是一种寄生在梭梭、红柳根部的寄生植物，对土壤、水分要求不高。主要分布于我国内蒙古、宁夏、甘肃和新疆等地，素有"沙漠人参"之美誉，具有极高的药用价值，是我国传统的名贵中药材。接下来就让我们一起详细了解这种价格逐年攀升的稀有植物。

▲肉苁蓉

肉苁蓉概述

肉苁蓉属列当科濒危种，别名大芸、寸芸等。作为多年生肉质草本寄生植物，茎肉质为圆柱形或下部稍扁，肉质肥厚，不分枝，一般高 0.8～1 米。鳞叶为黄色，覆瓦状排列，呈披针形或线状披针形。作为商品的肉苁蓉一般有咸苁蓉和淡苁蓉两种。咸苁蓉颜色为黑色，质地糯，细鳞线条粗；体形呈扁状圆形的比较

▲肉苁蓉的穗状花序

好。淡苁蓉个头大，比较肥壮，鳞线条细，颜色为灰褐色和黑褐色；油性大、茎肉质比较柔软的为佳。

肉苁蓉分布区的环境条件与梭梭的分布区相同，生于湖边、沙地梭梭林中，寄生于梭梭的根部。当肉苁蓉的种子萌发，其寄生根侵入寄主根部的维管束后，首先形成块茎，从块茎上生出数条肉质茎。开花前，植株埋于沙土中，开花时，只有花序露出地面。开花结果后旧茎即腐烂死亡，新茎又从块茎上发出，因此块茎有营养繁殖与不断更新的作用。

小知识——肉苁蓉的药用价值

作为世界濒危保护植物的肉苁蓉具有较高的药用价值，属于名贵中药。在我国其药用历史已经有2000多年，始载于《神农本草经》，有补肾阳、益精血、润肠通便等功效，也是历代补肾壮阳类处方中使用频率最高的补益药物之一。现代医学研究证明，肉苁蓉还有降低血压、抗动脉粥样硬化、抗衰老等作用。

除药用外，肉苁蓉还进入了食品、饮品和美容品等诸多领域。另外，肉苁蓉还在保健品领域占领了一席之地，具有极好的滋补、延缓衰老和提高免疫力的作用，仅次于人参位居第二位。

▲肉苁蓉药材断面

由于肉苁蓉具有较高的药用价值，应用范围广泛，进入21世纪后，国内外需求逐年增加，但野生资源匮乏，市场供应每况愈下，供需矛盾日趋尖锐，价格持续攀升。

知识库

据调查，每千株寄生植物梭梭中，仅有7株肉苁蓉。

需要保护的肉苁蓉

肉苁蓉是古地中海子遗植物，对于研究亚洲中部荒漠植物区系具有一定的科学价值。由于被大量采挖，它的数量已急剧减少。

在利益的驱动下，每当产新之时，肉苁蓉产区的男女老少一哄而上，采取地毯式的滥采滥挖，甚至掘地三尺将老根和幼苗统统挖走。如此连年循环不已，致使野生肉苁蓉产量每况愈下，几近绝迹。同时，不注意保护肉苁蓉赖以生存的梭梭林和红柳树，乱砍滥伐，超量过载放牧，导致生态环境日益恶化，造成西北部等地连年干旱，梭梭林、红树林大片枯死，肉苁蓉产区面积连年大幅缩小，产量日趋枯竭。

对于肉苁蓉的保护应引起人们足够的重视，可以建立较大面积的以保护肉苁蓉为重点的梭梭保护区，严禁砍伐梭梭和采挖肉苁蓉，并积极进行人工繁殖，扩大其分布区。

人工栽培要点

人工繁育种植肉苁蓉的栽培要点列举如下。

一、选地和整地。宜选沙土或半流沙荒漠地带，以土壤呈偏碱性、阳光充足、雨量少、排水良好、昼夜温差大为佳。可利用天然梭梭林较集中的沙漠地，进行圈拦，防止牛羊和骆驼啃食，浇水施肥，保护扶壮寄主。也可以培育人工梭梭林，秋后采收梭梭种子，春

▲人工繁殖出的肉苁蓉

天播种育苗。种子播种后1～3天出苗，1～2年后定植，定植2～3年以后，生长健壮，可以嫁接肉苁蓉。梭梭也可以直播，但应注意防风保水保苗。

二、繁殖方式——用种子繁殖。在野生梭梭东侧或东南侧方向挖苗

床，将种子点播于苗床上，施入骆驼粪、牛羊粪等，覆土 30～40 厘米。上面留沟或苗床坑，以便浇水。人造棱梭林生长整齐、成行，可在植株两侧开沟作苗床。播种后保持苗床湿润，诱导寄主根延伸到苗床上。春天或秋天播种，第二年部分苗床内有肉苁蓉寄生，少数出土生长，大部分在播种后 2～4 年内出土、开花结实。

三、田间管理。沙漠里风大，寄主根经常被风吹裸露，要注意培土或用树枝围在寄主根附近防风。苗床要经常浇水保湿，除掉其他植物。肉苁蓉 5 月开花时，要进行人工授粉，提高结实率。

沙漠的挡护盾牌——胡杨

茫茫沙漠里，大风卷起尘沙漫天飞舞，在黑压压的风沙飞杨中，总能看到一株株挺拔的胡杨，任凭沙暴肆虐，仍然磐石般屹立在风沙中。千百年来，胡杨以它坚韧的毅力，不屈不挠的精神，挺立在荒无人烟的沙漠中，被人们誉为"英雄树"。恶劣的生态环境，千百年的风沙侵袭，让胡杨树学会了生存。它聪明的生存智慧，值得人类学习与探索。

▲美丽的胡杨

胡杨树概况

▲乌海市胡杨岛

胡杨，又称胡桐，杨柳科落叶乔木，是世界珍奇树种之一。作为杨柳科杨属胡杨亚属的一种植物，它常生长在沙漠中，有很强的生命力。

胡杨树一般高 15～30 米，能从根部萌生幼苗，能忍受荒漠中的干旱，对盐碱有极强的耐受力。胡杨的根可以扎到地下 10 米深处吸收水分，其细胞还有特殊的功能，不受碱水的伤害。胡杨系古地中海植物，是第三纪孑遗的古老树种，6000 多万年前就生存在地球上。胡杨在古地中海沿岸地区陆续出现，成为当时山地河谷小叶林的重要树种，在第四纪早、中期，胡杨逐渐演变成荒漠河岸林最主要的群种。在我国主要分布在新疆南

部、柴达木盆地西部、河西走廊等地。

据统计，世界上的胡杨绝大部分生长在中国，而中国 90% 以上的胡杨又生长在新疆的塔里木河流域。目前被誉为世界最古老、面积最大、保存最完整的原始胡杨林保护区就在新疆轮台县境内。

广角镜

胡杨在消失

塔里木盆地的胡杨，特别是塔里木河沿岸的胡杨，是地球上胡杨最多的一片分布区，曾经十分辉煌。西汉时期，楼兰的胡杨覆盖率至少在 40% 以上，人们的吃、住、行都得靠它。在清代，仍"胡桐（即胡杨）遍野，而成深林"。但从 20 世纪的 50 年代中期开始，塔里木盆地胡杨林面积锐减。造成这种结局的原因，主要是人类不合理的社会经济活动所致。胡杨及其林下植物的消亡，致使塔里木河中下游成为新疆沙尘暴两大发源区之一。

胡杨的自然特性

胡杨是亚非荒漠地区典型的介于水生和旱生之间的中生植物，长期适应极端干旱的大陆性气候，对温度大幅度变化的适应能力很强。胡杨喜光，喜土壤湿润，耐大气干旱，耐高温，也较耐寒，适宜生于 10℃ 以上的暖温带荒漠气候，在暖温带荒漠河流沿岸、河滩细沙的沙质土上生长最为良好。胡杨能够忍耐极端最高温 45℃ 和极端最低温 −40℃ 的袭击。胡杨耐盐碱能力也比较强，在 1 米以内土壤总盐量在 1% 以下时，生长良好；总盐量在 2%～3% 时，生长受到抑制；当总盐量超过 3% 时，便成片死亡。

胡杨的生态价值

胡杨虽然生长在极旱荒漠区，但骨子里却充满对水的渴望。尽管为适应干旱环境，它作了许多改变，例如叶革质化、枝上长毛，甚至幼树叶如柳叶一般细小，以减少水分的蒸发，因而有"异叶杨"之名。然而，作为一棵大树，还是需要相应水分维持生存，因此，在生态型上，它还是中生

在沙漠中求生存

▲坚强的胡杨

▲浪漫唯美的额济纳胡杨

植物，即介于水生和旱生的中间类型。那么，它需要的水从哪里来呢？原来，它是一类跟着水走的植物，沙漠河流流向哪里，它就跟随到哪里。而沙漠河流的变迁又相当频繁，于是，胡杨在沙漠中处处留下了曾驻足的痕迹。靠着根系的保障，只要地下水位不低于4米，它依然能生活得很自在；在地下水位跌到6～9米后，它还可以勉强生存；地下水位再低下去，它就只能辞别尘世。所以，在沙漠中只要看到成列的或鲜或干的胡杨，就能判断这里曾经有水流过。正因为如此，有人将胡杨称为"不负责任的母亲"，它随处留下子孙，却不顾它们的死活。其实，这也是一种对环境制约的无奈。

胡杨是荒漠地区特有的珍贵森林资源，它对于稳定荒漠河流地带的生态平衡、防风固沙、调节绿洲气候和形成肥沃的森林土壤具有十分重要的作用，是荒漠地区农牧业发展的天然屏障。同时，胡杨是较古老的树种，它对于研究亚非荒漠区气候变化、河流变迁、植物区系的演化以及古代经济、文化的发展都有重要的科研价值。

鉴于胡杨的珍贵，我们有必要对它进行保护和培植。合理调整干旱荒漠地区农、牧、林三者的关系，严禁乱砍滥伐；各河流上游截流水库应定期向中、下游放水，确保胡杨林的恢复和发展。同时，应在我国西北地区多建立几个胡杨自然保护区，作为科研和物种保护基地。

知 识 库

　　塔里木胡杨自然保护区是中国最大的胡杨林保护区，它地处新疆塔克拉玛干沙漠北缘，位于巴音郭楞蒙古自治州尉犁、轮台县境内，面积约4000平方千米，主要为塔里木河湿地和塔里木盆地内陆干旱区胡杨林荒漠生态系统。

小知识——奇特的胡杨

　　胡杨为了把水留在生命之中，作出了让人类难以置信的努力和改变。且不说叶子的革质化，也不说枝条上遍布绒毛，就谈谈它们形状奇异的叶片。一想到胡杨叶子的形态，心总会为之一动。胡杨幼小时生出的树叶如细细弯弯的柳叶，而长大时又生出了近心形或宽楔形似杨而非杨的宽展叶片。上中下各部分树叶也各异，一棵树上竟然出现了不同形状的叶子，有妙趣天成之感。不知情的人，还以为有几种不同的树长到了一起。人们这样形容胡杨树顽强的生命力：一千年生而不死，一千年死而不倒，一千年倒而不朽。

▲胡杨的叶

　　胡杨一身是宝：它的树叶含丰富的蛋白质和盐类，是牲畜过冬的优质饲料；树干材质柔韧，耐水耐腐，有美丽的花纹，是三合板、镶木地板的理想原材料。另外胡杨碱可以入药、制肥皂。

▲如诗如画的胡杨林

　　真是"不到大漠，不知天地之广阔；不见胡杨，不知生命之辉煌"。

胡杨的栽培要点

　　胡杨是生活在沙漠中的唯一乔木树种，而且，它自始至终见证了中国西北干旱区走向荒漠化的过程。而今，虽然它已退缩至沙漠河岸地带，但仍然是被称为"死亡之海"的沙漠的生命之魂。

　　胡杨用种子繁殖，胡杨种子极易失水导致丧失发芽能力，应在7～8月待果穗由绿变黄、蒴果先端开裂露出白絮后，及时选择优良母株采集果穗，晾干脱种。选择湿润、肥沃、排水良好的细沙土或沙壤土，筑床、垅床或低床均可，种子拌细沙条播或撒播。2～4年生苗即可造林，直播造林或植苗造林均可。

小知识

　　为了适应干旱的生存条件，胡杨长得矮而粗壮，树顶部的叶子长成掌状，而且有一层蜡膜。这样即能充分吸收阳光，又不会让水分蒸发。下部分的树叶则长成条形状，这样即能节约水分，又能减少风沙的打击。因而有"异叶杨"之名。

生性强健的灌木——佛肚树

佛肚树原产中美洲西印度群岛等阳光充足的热带地区。它生性强健，株形奇特，一年四季开花不断，而且栽培容易，已经成为现代优良的室内盆栽花卉。

佛肚树自然特性

佛肚树又名玉树珊瑚、珊瑚花、珊瑚樽，大戟科麻风树属。该属植物全世界约有200余种，主要分布于热带、亚热带地区。由于佛肚树有独特的造型与鲜艳的花朵，因此它是该属植物中最著名的观赏花卉。

▲佛肚树

为什么称之为佛肚树呢？那是因为佛肚树为落叶小灌木，株高18～20米，茎干粗壮，肉质，中部膨大似酒瓶，又似弥勒佛的大肚皮，故称佛肚树。

佛肚树的小枝红色，多分，似珊瑚一样，所以又称珊瑚花、玉树珊瑚。它的花瓣矩圆状倒卵形，橘红色。蒴果椭圆形，种子黑褐色。

友情提醒

佛肚树植株含有有毒的白色汁液，接触的时候要小心。

小知识——佛肚树名由来

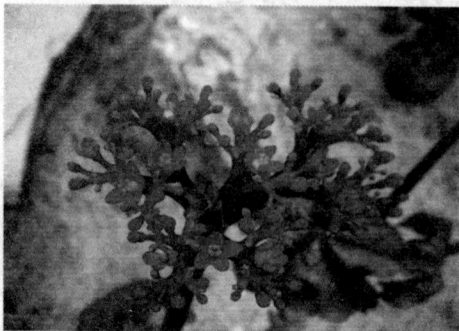

▲ 美丽的"珊瑚花"

佛祖之所以为人推崇，是因为他有好生之德，大肚能容天下难容之事。

而佛肚树的大肚则是为了度过漫长干旱的缺水季节。这种长在沙漠或干旱地区的花卉，靠着储存在膨大茎部的水分，得以在恶劣的环境下开花结果。物竞天择，它又何尝不是包容了进化历程中的种种磨难，最终将自己修炼成自然界中的一道独特的风景呢？"佛肚树"的名字真是形神俱备！

栽培要点

佛肚树不仅长在沙漠中，它还是室内盆栽的优良花卉，温暖的地方亦可庭园栽培，也可作园景树。它的栽培要点列举如下。

一、温度和光照。佛肚树性喜阳光，最适宜在 22℃～28℃ 的环境中生长，因此，整个生长期除炎夏适当遮阴外，都要满足其充足的光照。深秋入室后，要将其放在朝南的窗台，让其多接受

▲ 佛肚树的果实

光线，或利用灯光作辅助光源。只要室温保持在 20℃ 以上，并满足其日照 6 小时以上，佛肚树即可开花不断。冬季室温最低不能低于 10℃，佛肚树便能安全越冬。

二、水分和肥料。佛肚树性耐干旱，生长期浇水应间干间湿，尤其是秋冬季节气温较低时应减少浇水，盆土以稍干为宜。但夏季高温时节，水量不可缺少，除早晨浇足水外，傍晚还须观察盆土，若干就要补充水分。中午高温时，还须向佛肚树枝叶及土壤表面喷洒水，以起到防暑降温作用。佛肚树生长期内，应月施液肥 1～2 次，肥料以磷钾肥为主，肥水比例 20％～30％，若一直用 0.2％的磷酸二氢钾溶液喷施叶片，其花会非常鲜艳。冬季应停止施肥。

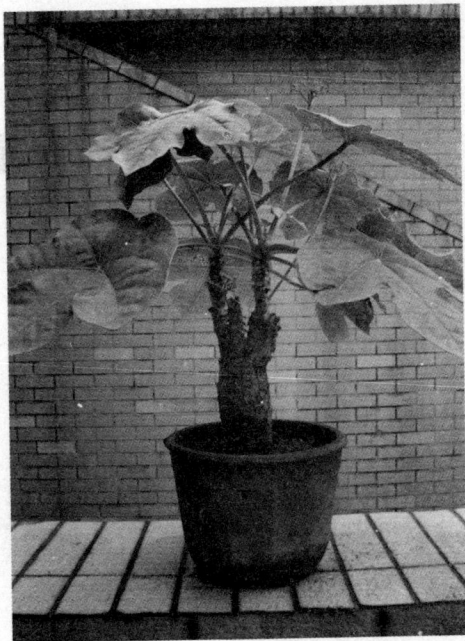

三、换盆和土壤。佛肚树应

▲小盆栽佛肚树

两年换一次盆，换盆时节应放在晚春前后。培养土以 80％腐叶土、15％的肥沃塘泥、5％河沙混合均匀即可。

四、繁殖。佛肚树的繁殖有播种和扦插两种。种子采收后，先贮藏于 20℃～30℃以下，夏季播种，扦插可在 5～6 月进行。

五、病害。佛肚树主要有吹绵蚧和溃疡病害。吹绵蚧主要寄生于佛肚树的花丛，可用氧化乐果稀释 2000 倍喷洒，10 分钟后立即用清水冲洗喷药部，以免茎叶溃烂。发现佛肚树茎下有溃疡性创伤，即刻将佛肚树移至通风处，用刀刮除腐坏组织后，涂上硫黄粉，并喷多菌灵 1～2 次，伤口即可愈合。

自然传奇丛书

植物王国的寿星——百岁兰

▲沙漠里的百岁兰

在中生代时期，纳米比亚是一片肥沃的绿洲，湖泊众多，水草丰美，百岁兰就是生长在沼泽中的一种植物。后来，由于洋流的改变，纳米比亚经历了沧海桑田的变化，变成了一片非常干旱的沙漠，除了冷空气带来一些雾水外，很少会有有效降水。原来生存在那里的动物都迁徙他处，植物几乎都成为了化石，只有百岁兰挺了过来，如今它已成为世界各大植物园梦寐以求的珍宝。

百岁兰简述

百岁兰是一位奥地利植物学家于1860年在安哥拉南部纳米比沙漠中发现的。它是一种十分奇妙怪异的植物，又称千岁叶、百岁兰、千岁兰。作为裸子植物门百岁叶科的唯一种类，最年长的百岁兰年龄估计在1500～

▲百岁兰的花

2000 年，这些植株能够忍耐极为恶劣的环境。

百岁兰通常生存在气候炎热干旱的多石沙漠、枯竭的河床或沿海岸的沙漠中。百岁兰的树干非常矮而粗壮，呈倒圆锥状，高度很少超过 0.5 米，而其直径可达 1.2 米，具有能深达地下水位的极长而又粗壮的主根。

百岁兰是雌雄异株，每一雄花有 6 个雄蕊，花粉靠风传递，不过有一种很小的昆虫可以帮助百岁兰传粉。一般的雌株可以结 60～100 个雌球果，种子可达上万粒。大部分种子不会萌发，因为通常只有少量的种子具有活性，且可能会被真菌感染，因此，只有极少数的种子能萌发并且长大成株。

百岁兰是裸子植物，它跟其他植物的亲缘关系还有待研究。特殊的是，它的分布范围极其狭窄，只有在纳米比沙漠西南部狭长的近海沙漠才能找到。

植物界的老寿星

我们常听人说"松柏常青，永不凋落"，其实这是一种误传。自然界中没有永不凋落的常绿树，它们的树叶只是逐渐更替而已，一部分脱落，一部分在新生，所以人们看到的松柏总是四季常青，郁郁葱葱。

叶子都是有一定寿命的。从幼叶伸展到叶的衰老、枯萎、脱落，这段时间叫叶的寿命。叶子的寿命各不相同，有

▲人工培育的百岁兰

的只有十多天到几个月的寿命。桑叶能活 130 天左右，女贞的叶子能活 200 天左右，紫杉叶子的寿命是 6～10 年，冷杉的叶子为 12 年左右。百岁兰的叶是植物界寿命最长的叶，其寿命可达百年以上，故有"百岁叶"之称。

百岁兰叶子是常绿的，仅有一对，形宽且平，最宽的叶子可达 1.8 米宽。这些叶片能覆盖大面积地表，使叶片下面的土壤温度较低且有一定湿度，能帮助植物在高达 65℃ 的地表温度下生存。百岁兰叶子的平均厚度为

1.4毫米，它通常平躺在地面上，可防止风对土壤的侵蚀，即使在很强的风力下，叶面也能保持坚挺不动。百岁兰植株可以通过叶面上的气孔来吸收水分，这也是这个物种能够生存的必要条件。

你知道吗？

百岁兰年年开花。开花时，在茎顶上表面将出现一些同心沟，在同心沟的外方沟内抽出球果状的穗形花序，花片呈鲜红色。百岁兰种子的外面有纸状翼，随风散落到各处安家。

一生只长两片叶子

▲一生只长两片叶

"百岁兰"毕生只长两片叶子，不凋不谢，叶片基部生长的同时，叶片末端开始干枯。其叶子寿命为植物界中最长的，在原产地有寿命达2000年以上者，叶片宽达1米多，长达10余米，极为珍贵。

一般的百岁兰每一片叶子宽约0.5米，长可达3米左右，各自朝相反方向延伸。百岁兰茎高不超过0.2米，周长却有4米左右，看上去好像一个矮树桩。它的两片叶子长出后，就永不另长新叶，与整棵植株一起生存数百年，而不是像落叶植物那样春发芽、秋落叶。

百岁兰的两片叶子长出后，只会越长越大，不会脱落换新叶。叶子生命的结束也就意味着百岁兰生命的结束，也就是说二者的寿命是相同的。

小知识——叶片百年不凋秘密

沙漠地区的气候干燥少雨，蒸发量又大，沙漠中生长的植物为适应这种环境，或者脱去叶子，或者叶变态呈针状，以此来减少水分的损失。可百岁兰的叶

子既宽又厚，难道它不惧怕干旱吗？

　　原来，百岁兰叶子基部有一条生长带，位于那里的细胞有分生能力，不断产生新的叶片组织，使叶片不停地长大。叶子前端最老，它或因气候干燥而枯死，或因风沙扑打而断裂，或因衰老而死去，总之在不断地消失。由于叶片基部的生长带没有被破坏，损失的部分很快由新生部分替补，使人们误以为它的叶子既不会衰老，也不会损伤。其实我们看到的叶片都是比较年轻的，老的早已消失了，真正不老的是叶片基部那一环具有分生能力的细胞。另外，百岁兰的叶子里有许多特殊的吸水组织，能够吸取空气中少量水分。这就是百岁兰仅有的两片叶子始终不凋的秘密所在。

知 识 库
世界八大珍稀植物

　　植物学界公认百岁兰与望天树、珙桐、水杉、桫椤、王莲、海椰子、金花茶共为"世界八大珍稀植物"。

美容养生的佳品——芦荟

▲芦荟

现在很多人都知道芦荟能够改善皮肤的质地，营养肌肤，能保持皮肤的白皙、嫩滑、弹性、红润光泽，还有祛痘的功效，市面上许多化妆品的成分中都称有芦荟。当然新鲜、成熟的芦荟鲜叶中的营养成分更经济实用，而且使用方法简单。芦荟到底是一种什么样的植物，为什么它会有这么神奇的美容功效呢？现在就让我们一起了解它。

概　述

芦荟属通称芦荟，原产于地中海、非洲，为独尾草科多年生草本植物。芦荟中的"芦"字其中文意为"黑"，而"荟"是聚集的意思。芦荟叶子切口滴落的汁液呈黄褐色，遇空气氧化就变成了黑色，且凝为一体，所以称做"芦荟"。

芦荟属于多肉质草本植物，叶簇生，呈座状或生于茎顶，叶为披针形，边缘有尖齿状刺。花序为伞形、穗状、圆锥形等，花色呈红、黄或具赤色斑点，花瓣有六片，雌蕊有六枚，花被基部多连合成筒状。据考证，野生芦荟的品种至少有300种以上，其中非洲大陆就有250种左右，马达加斯加大约有40种，其余10来种分布在阿拉伯等地。

芦荟各个品种的性质和形状差别很大，有的像巨大的乔木，高达20米；有的高度却不足0.1米。芦荟的叶子和花的形状也各异，栽培上各有

自然传奇丛书

特色，千姿百态，深得人们的喜爱。

芦荟大家族

芦荟原产于非洲热带干旱地区，现在，芦荟的分布几乎遍及世界各地。据调查，在印度和马来西亚一带、非洲大陆和热带地区都有野生芦荟分布，在我国云南元江地区，也有野生的芦荟存在。现在介绍几种主要的芦荟品种。

一、库拉索芦荟。库拉索芦荟一般称为蕃拉芦荟，蕃拉为其种名的音译，又称真芦荟。它是目前应用在食品、药品和美容方面最广泛的品种。库拉索芦荟原产于非洲北部地区，现在美洲栽培最多，日本、韩国和我国台湾、海南岛也都有大面积商业化栽培，主要用于提取芦荟原汁。后来由于人工选择的结果，在库拉索芦荟中又培育出不少变种，如中国芦荟、上农大叶芦荟等。它们应用在食品、药品、美容品等方面，主要是提取芦荟原汁、浓缩汁、结晶粉，部分亦作家庭盆栽观赏用。

二、开普芦荟。开普芦荟又称好望角芦荟，它是一个大型品

▲库拉索芦荟

▲开普芦荟

自然传奇丛书

种群。开普芦荟的高度达 6 米，茎秆木质化，叶 30～50 片，簇生茎顶；叶子大而坚硬，带有尖刺，叶深绿色至蓝绿色，表面被白粉。开普芦荟无侧枝，花药与花柱外露，用种子繁殖。开普芦荟是中药"新芦荟"干块的原料，是一种传统的药用植物，各国药典都有记载，主产于南非的开普州。

三、木立芦荟。又名小木芦荟，很早就被视为民间药草而广受欢迎的芦荟就是指木立芦荟，产地为南非。在医学上，木立芦荟已经被检验出具有很多医用有效成分，是公认为最有药用价值的芦荟品种。木立芦荟叶子除了可以生吃、榨果汁外，还可以加工成健康食品或化妆品等。由于容易处理，它也适合作食用的家庭菜。

四、皂质芦荟。皂质芦荟无茎，叶簇生于基部，呈螺旋状排列。其叶汁如肥皂水，十分滑腻。皂质芦荟变种较多，如广叶皂质芦荟，叶上有纹理清楚的白色条斑，叶片宽大，具有较高观赏价值。皂质芦荟叶片薄，新鲜叶汁有护肤作用，但所含黏性叶汁不如库拉索芦荟的丰富。皂质芦荟多用于观赏，至今尚无大面积的产业化栽培。

▲木立芦荟

▲皂质芦荟

芦荟的美容作用

芦荟的美容作用显著。库拉索芦荟鲜叶是最适宜直接美容的，它具有使皮肤收敛、保湿、消炎、漂白的性能，还有解除硬化、角化、改善伤痕的作用。芦荟不仅能防止小皱纹、眼袋、皮肤松弛，还能保持皮肤湿润、娇嫩，同时，还可以治疗皮肤炎症，对粉刺、雀斑、痤疮以及烫伤、刀伤、

▲芦荟的切片

虫咬等亦有很好的疗效。对头发也同样有效，能使头发保持湿润光滑，预防脱发。

芦荟的美容美发作用到底是怎么产生的？芦荟含有丰富的维生素、矿物元素（如钾、锌、硒等）、氨基酸等，这些都是保持机体青春常驻的基本营养素。另外，如芦荟多糖、酚类化合物等都是芦荟所特有的美容护肤成分。这些特殊成分和基本美容营养素掺和在一起，使得芦荟具有良好的美容护肤作用。

由于芦荟有明显的调理皮脂分泌、杀菌消炎的作用，特别是杀灭头皮中的真菌，所以在洗净头发后用芦荟凝胶彻底滋润头皮，仔细梳理后保留5～10分钟，然后洗净即可，大约两三次就可以明显去除头皮屑了。经过反复验证，这种方法是非常有效的。按照上述方法去头屑的同时，芦荟还能向头发提供多种维生素和人体不能合成的氨基酸，能使头发变得光滑亮泽、富有弹性，对于经常烫发、染发而导致发质枯黄的人来说，就更加有效。芦荟含有蒽醌类化合物，能够阻挡阳光中的紫外线，并增加头发的保湿功效。另外芦荟能够促进头皮的血液循环，因而能使头发得到更加充分的养分，使头发更加浓密，富有光泽。

万 花 筒

使用芦荟美容时的注意点

内服芦荟鲜叶应注意的事项：1. 注意芦荟鲜叶、芦荟干叶和芦荟干块的区别；2. 食用芦荟新鲜叶片需要注意对象的适宜性；3. 服用芦荟新鲜叶片要适量；4. 切忌把龙舌兰误作芦荟；5. 切忌把芦荟当成"灵丹妙药"。

外用芦荟鲜叶应注意的事项：一般芦荟鲜叶的外用都比较安全，方法也简单易行。但值得注意的是，芦荟鲜叶汁内含有一定量的草酸钙和多种植物蛋白质。一些皮肤特别敏感的人，在外用新鲜芦荟叶搽抹后，皮肤有痒的感觉或出现红色小疹斑点，一般不会太严重，半天时间就可褪去。

万 花 筒

芦荟被联合国粮农组织推荐为"21世纪人类最佳保健食品"。

芦荟的药理作用

▲晶莹剔透的去皮芦荟

芦荟的栽培历史悠久，早在古埃及时代，其药效便被人们接受和认可，称其为"万能药草"。关于芦荟的最早记载是古代埃及的医学书《艾帕努斯·巴皮努斯》。书中不仅记载了芦荟对腹泻的治疗作用，还记载了芦荟的多种处方。该书写于公元前1550年，也就是说，3500年前芦荟就已经当作一种药用植物了。

芦荟的药理作用列举如下。

一、杀菌作用：芦荟酊是抗菌性很强的物质，能杀灭真菌、霉菌、细

菌、病毒等病菌，抑制病原体的发育繁殖，甚至杀死病原体。

二、消炎作用：芦荟的缓激肽酶与血管紧张素联合起来可抵抗炎症，尤其是芦荟中的多糖可以增强人体对疾病的抵抗力，对皮肤炎、慢性肾炎、膀胱炎、支气管炎等慢性病症有一定疗效。

三、健胃下泄作用：芦荟中的芦荟大黄素苷、芦荟大黄素等有效成分有增进食欲、促进大肠缓泄作用。服用适量芦荟，能强化胃功能，增强体质，是治疗实热型便秘比较有效的药物。

四、强心活血作用：芦荟中的异柠檬酸钙等具有强心、促进血液循环、软化动脉、降低胆固醇含量、扩张毛细血管的作用，使血液循环畅通，降低胆固醇，减轻心脏负担，使血压保持正常，清除血液中的"毒素"。

五、免疫和再生作用：芦荟中的芦荟素—A、创伤激素和聚糖肽甘露等具有抗病毒感染，促进伤口愈合复原的作用，有消炎杀菌、清热消肿、软化皮肤、保持细胞活力的功能，因此，它是一种治疗外伤不留伤痕的理想药品。

▲新鲜芦荟汁

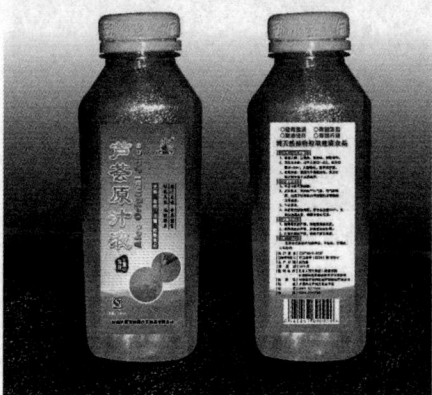

▲市场上芦荟制品越来越多

六、免疫与抗肿瘤作用：芦荟中的黏稠物质多糖类具有提高免疫力和抑制、破坏异常细胞生长的作用，从而具有一定的抗癌作用。芦荟中的高分子物质——"芦荟抗原"对于红细胞有凝聚作用，含有能与细胞膜起反

自然传奇丛书

▲芦荟小盆景

▲芦荟种植规模化

应的物质；芦荟抗癌素－A具有强烈的生理活性，经动物实验确认它具有抗癌作用，能提高人体的抗癌免疫能力，增加NK细胞的数量，具有杀死生物内异常细胞——癌细胞等功效。

七、解毒作用：芦荟中的某些成分具有促进肝脏分解体内有害物质的作用，还能消除生物体外部侵入的毒素。放射线或核放射能治疗癌症过程中会引起烧伤性皮肤溃疡，用芦荟治疗不仅能起到解毒、消炎、再生新细胞的作用，还能增加因放射治疗而减少的白细胞。

八、抗衰老作用：芦荟中的黏液类物质是防止细胞老化和治疗慢性过敏的重要成分。黏液素存在于人体的肌肉和胃肠黏膜等处，能让组织富有弹性。如果黏液素不足，肌肉和黏膜就会丧失弹性而僵硬老化，细胞就会逐渐衰老，失去防御病菌、病毒的能力。

九、镇痛、镇静作用：手指肿痛、牙痛而难以忍受时，在患部贴上芦荟鲜叶，能消除疼痛。对于神经痛、痛风、筋肉痛等，内服加外敷芦荟，也有镇痛效果。芦荟还能预防和治疗宿醉、晕车、晕船等。

十、防晒作用：芦荟中的天然蒽醌苷或蒽的衍生物能吸收紫外线，防止皮肤红、褐斑的产生。

十一、防虫、防腐作用：芦荟汁液具有很好的消毒、防腐作用。夏天，在皮肤上涂上芦荟汁，能防蚊虫叮咬。哥伦比亚人常在小孩脚上抹上芦荟汁，以防虫咬。将芦荟汁喷洒在门窗和室内，防止苍蝇进入，傣族

人就是用这种方法来防蝇的。

十二、防臭作用：芦荟具有防止脚、口、腋等体臭的作用。很早以前，人们就用芦荟来消除体臭。非洲刚果人打猎时，通常在身上抹上芦荟汁，以免被动物闻到体臭。

芦荟的奇特功效引起了科学界，特别是医学界的广泛重视，尤其是以美国为代表的西方发达国家，投入了大量的人力、物力、财力研究开发应用芦荟，因而形成了一股"芦荟热"。芦荟的开发应用非常迅速，开发成果利用显著，经济效益巨大，其研究成果不仅用于医疗、美容、食品保健，而且还应用于染料、冶金、纺织、农药、畜牧等领域中，如今芦荟早已身价百倍。

友情提醒

芦荟是热带沙漠植物，具有药用、保健作用，但是吃芦荟要根据个人体质而定。芦荟对于实热体质比较适宜，对于虚寒体质以及阳虚、气虚的人就不太适宜。

瑰丽神奇的宝花——沙漠玫瑰

▲野生沙漠玫瑰

相传，在浩瀚的戈壁沙漠里，有一种生长了千万年的石头，它是一种植物的结晶体，这种植物的种子天生成对，开花后根茎相连，花如玫瑰。如果其中一株死亡，另一株也不再开花，并且慢慢枯萎……无数年后它们的躯体与沙子结晶成一种奇特的花朵，没有生命但永不凋谢，成为象征恒久爱情的"沙漠玫瑰"。神秘的沙漠玫瑰到底是什么？接下来让我们一起来了解它。

沙漠玫瑰概述

植物学上沙漠玫瑰又名天宝花，是夹竹桃科天宝花属沙漠玫瑰，属于多肉植物，它喜欢高温干燥和阳光充足的环境，耐酷暑，不耐寒。

沙漠玫瑰花形似小喇叭，玫瑰红色，非常艳丽，因原产地接近沙漠且红如玫瑰而得名沙漠玫瑰。沙漠玫瑰植株矮小，树形古朴苍劲，根茎肥大如酒瓶状。沙漠玫瑰一般在夏秋季开花，花冠依品种不同有红、粉红、白花红边等颜色，花的姿态优美，伞形花序三五成丛，灿烂似锦，是目前流行的室内盆栽之佳品。

沙漠玫瑰原产于非洲的肯尼亚，通过新的栽培技术，它的分布也变得广泛，现分布于突尼斯、阿尔及利亚、摩洛哥等北非国家。

知识窗

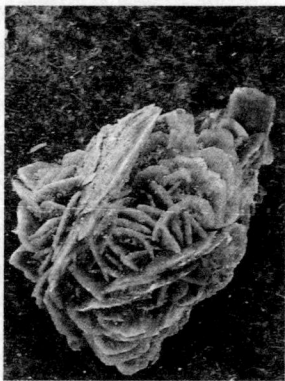

沙漠玫瑰矿石

　　沙漠玫瑰矿石是方解石、石英、硬透石膏的共生体。沙漠玫瑰矿石属珍宝石、纪念石，它诞生于沙漠，其主要成分是碳酸钙与石英，是一种石膏类晶体，是石中之花。沙漠玫瑰矿石形状如盛开的玫瑰，千姿百态，瑰丽神奇。它是一种纯天然的奇石，因其形成的地理条件特殊而产量稀少，具有极高的收藏价值和观赏价值。

▲沙漠玫瑰矿石

沙漠玫瑰的栽培技术

　　沙漠玫瑰的颜色鲜红，形状可爱，极为别致，因此深受人们喜爱。沙漠玫瑰无论花、叶、茎，还是它的形，均优雅别致，自然大方，确实是室内栽培之佳品。

▲盆栽沙漠玫瑰

　　栽培沙漠玫瑰的要点列举如下。

　　一、沙漠玫瑰常用扦插、嫁接和压条繁殖，也可播种。扦插以夏季为佳，选取1～2年生的枝条，以顶端枝最好，剪成10厘米长，待切口晾干后插于沙床，插后约3～4周生根。如果采用嫁接的方法，则是用夹竹桃作砧木，在夏季采用劈接法嫁接，成活后植株生长健壮，容易开花。

自然传奇丛书

二、盆栽需阳光充足和良好的排水系统。生长期应放在室外阳光充足处，也可放在温室内培养，但应保持充足的光照。冬季需入室，放在向阳处，如果放在温室栽培更好。冬季室内温度应保持12℃以上，若盆土干燥，也能在7℃～8℃条件下安全越冬。盆栽土可采用腐叶土、粗砂等份混合，再加少量腐熟干骨粉。栽前盆底要放入一些碎瓦片，以利排水。

三、换土换盆。沙漠玫瑰同其他多肉植物一样，喜欢排水性良好的砂质土壤。因此，在换盆时，最好在一般的盆栽用土中，多添加一些河砂或小碎石，这样可改善盆土的排水性，一般只有当植株已长得相当茂盛时才需要。而幼苗期的沙漠玫瑰则应每年换盆。换盆方法很简单，首先在换盆前，先停止浇水，待盆土完全干燥后，便可将植株倒出，清除旧盆土及修剪根系，再重新种植即可。

四、病虫害防治。栽培沙漠玫瑰有时会有叶斑病危害，有虫害的时候可用50％托布津可湿性粉剂500倍液喷洒。但是主要虫害是介壳虫，发生严重时会导致叶片全部脱落，植株生长点坏死，甚至植株死亡。家庭栽培要注意观察，一旦发现此类虫害马上用棉签蘸水将其擦除，也可在害虫产卵期和孵化期用40％氧化乐果乳油1000～2000倍，或50％杀螟松乳油1000倍喷雾1～2次。

沙漠动物

　　人们都称沙漠为不毛之地，可就是如此荒凉的地方也不缺少坚强的生命。动物凭什么适应恶劣的生存条件？原来沙漠里的动物各有各的奇招怪招。比如沙漠里的一些小动物都具有耐旱的生理特点，它们不需要喝水，能直接从植物体中取得水分，甚至依靠特殊的代谢方式来获得所需水分，并在减少水分的消耗方面有一系列的生态适应机制。现在就让我们一起走近它们，揭开它们的神秘面纱吧。

顽强生存的榜样——沙漠动物

沙漠干涸、炎热、荒芜，然而，在灼热的地表下，或是你不易察觉的阴影处，存在着另一个不一样的世界。数千种沙漠动物在沙漠中繁衍生息，这些动物都是顽强生存的榜样，让人刮目相看。

▲沙漠里的蜥蜴

沙漠动物概况

其实沙漠并非是人们想象中的"不毛之地"，实际上沙漠里的动物种类非常多，它们主要是穴居性动物，如跳鼠、蜥蜴、蝎子、蛇等，大型动物有大象、狮子、骆驼等。不同的沙漠气候不同，分布的动物种类和数量也有很大差别，而且随着时间的推移一直在变化。

对于所有沙漠有机体来说，水资源的匮乏无疑是最大的威胁，而比起植物，沙漠动物还有额外的生存危机——极端炎热的气温，毫无遮拦的太阳辐射和地面辐射令周围的空气不断加温，困扰着动物。理论上，动物的身体只能适应很小的温度变化，当超出这个变化范围，机体组织将无法正常运作，动物就会死亡。而在沙漠中，每年约有4～5个月的时间，日常气温变化都超出动物身体所能承受的范围，加上缺乏维持生命的水，沙漠动物的生存非常困难。那沙漠动物有何特殊本领对抗这些威胁呢？

小知识

地面辐射指的是岩石和土壤吸收太阳辐射热量后，发射散发出的热辐射。

沙漠动物的求生本领

▲在日落时行动的沙漠狐狸

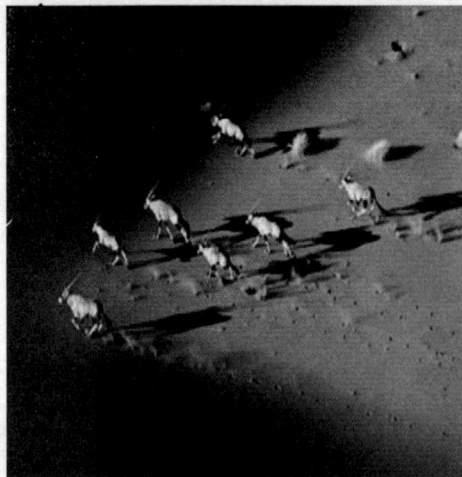

▲夜晚活动的阿拉伯剑羚

进化是奇妙的。生物为了适应周围环境，部分生理机能或行为会出于生存需要而有所进化，沙漠动物也不例外。在数以千计的沙漠动物中，几乎每一种动物都有其独特的保持水分、躲避炎热的能力和技巧。沙漠动物的特殊生存本领主要有以下几个方面。

一、避暑的本领。酷热季节到来时，沙漠动物开始各显其能，纷纷寻找"避暑胜地"。为了躲避高温和干旱，绝大部分沙漠鸟类只在黎明或日落后的几个小时内活动，其他时候则躲在凉爽或有阴影的地方。也有一些种类会在白天活动，例如极乐鸟，不过它们会时不时地在阴凉处歇歇脚。

不仅是鸟类，大多数沙漠动物，尤其是哺乳动物和爬行虫动物，它们只在拂晓和黄昏时分出动。也正因如此，人类很少能与响尾蛇和毒蜥遭遇。大多数啮齿

动物喜欢在凉爽的夜晚活动，例如狐狸、臭鼬等都在夜间出动，白天则躲在阴凉的巢穴或地洞里睡觉。

一些体形较小的沙漠动物干脆躲到地下去，它们在土壤或沙层下打造洞穴，以逃离炎热的地面高温。许多哺乳动物、爬行动物、昆虫以及所有的沙漠两栖动物都会挖地洞，聪明的啮齿动物甚至还会将洞口塞住，以隔绝炎热而干燥的空气。

在最热的季节里，最活跃的可能是某些沙漠蜥蜴，灼热的阳光下，它们还会在沙地上奔跑。不过在高温的地表，它们行动极其迅速，只在阴凉的阴影处停驻。它们特有的长腿在奔跑时不会吸收太多地表热量。

▲烈日下的蜥蜴

二、散热的本领。避暑不能完全解决热的问题，沙漠动物还有独特的散热本领。猫头鹰、夜鹰经常张大嘴，那可不是在歌唱，它们迅速鼓动喉部，是为了蒸发口腔中的水分，以达到散热的目的。由于猫头鹰

▲沙漠中生存的小跳鼠

和夜鹰能够从猎物中获取足够的水分，才不会因这种蒸发散热法而脱水。因此，不是所有的沙漠动物都能使用这种方法来散热。

沙漠里有一种耳朵超大的兔子，它们能利用耳朵上的丰富血管为身体

自然传奇丛书

▲黑鹫

散热，这是典型的因适应环境而发生的身体进化。火鸡和黑秃鹰的羽毛深暗，不可避免地要从外界吸收很多热量，所以它们的散热方式很特别：把尿撒在自己腿上，利用尿液蒸发使腿部降温，再依靠血液循环，其腿部的凉血将流回上身，为整个身体降温。

与温寒带地区的同类动物相比，许多沙漠动物似乎都有白化病，其羽毛和毛皮是白色的。其实苍白的颜色不仅可使身体吸收较少的热量，而且还是动物的保护色，在沙漠耀眼苍白的环境中使自己不那么明显，得以躲过捕食者的目光。

三、保持水分的本领。水是动物赖以维持生命的基本物质，而对于沙漠动物，保持水分是生存的关键。它们最普遍的行为就是避开干燥炎热的白天，藏在湿润阴凉的地洞里。肉食动物以及以腐肉为食的动物，如火鸡和秃鹫等，则靠它们摄取食物中的水分来维持自身的水分平衡，不过，如果地上有水源，它们也会直接饮用。

四、摄取水分的本领。沙漠动物摄取水分的直接来源是植物，尤其是多汁植物，例如仙人掌。大多数昆虫都是靠吸取植物的汁液为生，其他则通过食用植物的树叶和果实获取其中的水分。昆虫的繁衍，又为鸟类、蝙蝠、蜥蜴等物种提供了丰富的食物来源。

有一种袋鼠类啮齿动物会将自己密封在地穴里，以隔绝正午的炎热，同时，利用自己的呼吸循环润湿洞穴中的空气。这种啮齿动物同样拥有特殊构造的肾，特有的精细腺管能够滤取尿液中的大部分水分，并将其输送回血液中，而它们呼吸时呼出的水分则能被鼻腔中一种特殊进化了的器官

回收。这还不够，这种动物甚至能够在消化干种子时，利用新陈代谢自己制造水分。这些动物如果被囚禁，甚至可以不需饮用水而存活下来。

你知道吗？

哺乳动物排泄的是尿素——可溶性化合物，要消耗相当多的水分，因此，大部分哺乳动物需要饮用新鲜的水。即使不是每天饮用，至少隔几天就要饮用一次。

万花筒

四脚蛇的特殊本领

在澳大利亚的沙漠里还有一种浑身长刺的四脚蛇（蜥蜴）。在一般人看来，它身上那些小倒刺和凸起物是专门对付食肉动物的防身武器，可谁承想到它还有特殊的蓄水功能。其实，四脚蛇皮肤的角质层上有无数的小孔，小孔的开口在小刺之间的凹陷处，水滴正是通过小孔进入皮肤的。四脚蛇身上小刺的温度低于皮肤，一旦进入夜晚，小刺就能从空气中聚集水分而形成水滴，并迅速被"干旱"的皮肤吸收。

沙漠行走的使者——骆驼

有一则有趣的动物故事，据说，古时候骆驼也生活在水草丰美的地方。有一天，狮王召开大会，提议大家对狮王一年来的工作进行批评总结。狮王说"知无不言，言者无罪"，要动物们对自己的领导方法提一些意见。有的动物批评狮王过于仁爱，使一些动物目无领导；有的动物批评狮王过于勤政，不注意威严。轮到骆驼发言了，它指责狮王不该滥用权利，以强凌弱。狮王对骆驼的直言不讳大加赞扬，要求动物们以骆驼为榜样，并当场宣布把最大的一块领地赐给骆驼享用。于是，骆驼就来到了受封的领地——沙漠。接下来就让我们了解这种生活在沙漠中的动物吧。

▲双峰骆驼

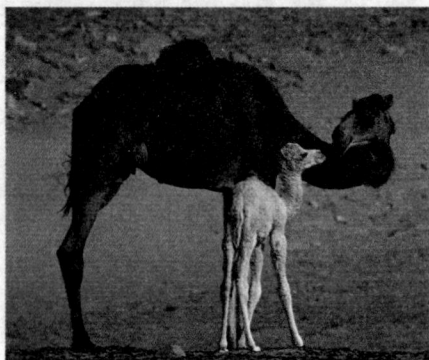
▲单峰骆驼

骆驼的概况

骆驼是骆驼科骆驼属的动物，有一个驼峰的是单峰骆驼，有两个驼峰的是双峰骆驼。骆驼的鼻孔能开闭，足有肉垫厚皮，适合在沙漠中行走。单峰骆驼比较高大，在沙漠中能走能跑，可以运货，也能驮人。双峰骆驼四肢粗短，更适合在沙砾和雪地上行走。

骆驼性情温顺，常单独活动，食粗草及灌木，平均寿命可长达 30～50 年。

万花筒

骆驼的冲刺速度可达 65 千米/小时，长途持续速度可达 15 千米/小时。

骆驼的身体构造

骆驼特殊的身体构造能适应沙漠恶劣的环境，如骆驼的耳朵里有毛，能阻挡风沙进入；骆驼有双重眼睑和浓密的长睫毛，可防止风沙进入眼睛；骆驼的鼻子还能自由关闭，这些"装备"使骆驼一点也不怕风沙。沙地软软的，人脚踩上去很容易陷入，而骆驼的脚掌扁平，脚下有又厚又软

▲沙漠中的骆驼

的肉垫子，这能使骆驼在沙地上行走自如，不会陷入沙中。

冬天的沙漠非常寒冷，骆驼的皮毛很厚实，这对保持自身体温极为有利。骆驼熟悉沙漠里的气候，快有大风袭来时，它就会跪下，旅行的人可以预先作好防风的准备。骆驼走得很慢，但可以驮很多东西。它是沙漠里重要的交通工具，人们把它看作渡过沙漠之海的航船，有"沙漠之舟"的美誉。

骆驼和其他动物不一样的地方是特别耐饥耐渴。骆驼的驼峰里贮存着脂肪，这些脂肪在骆驼得不到食物补充的时候，能够分解成骆驼身体所需要的养分，供骆驼生存所需。骆驼能够连续四五天不进食，靠的就是驼峰里的脂肪。另外，骆驼的胃里有许多瓶子状的小泡泡，那是骆驼贮存水的地方，这些"瓶子"里的水使骆驼即使数十天不喝水，也不会有生命危险。

骆驼为什么这么能耐干旱？

自然传奇丛书

▲骆驼头部特写

骆驼最大的本领是能在沙漠中不停地跋涉，能十天半月不喝水。原来，骆驼在干旱情况下，有防止水分失散的特殊生理功能。

骆驼巨大的口鼻是保存水分的关键部位，骆驼鼻子内层呈蜗形卷状，增大了呼出气体通过的面积。夜间，鼻子内层从呼出的气体中回收水分，同时冷却气体，使其低于体温8℃左右。据计算，骆驼的这些特殊能力可使它比人类呼出温热气体节省70%的水分。

通常骆驼体温升高到40.5℃后才开始出汗。夜间，骆驼往往将自己的体温降至34℃以下，低于白天的正常体温。第二天，骆驼的体温要升到出汗的温度点上需要很长的时间。这样，骆驼极少出汗，而且很少撒尿，节省了体内水分的消耗。

沙漠中死于干渴的人大多因血液中的水分丧失，血液变浓稠，体热不易散发，导致体温突然升高而死亡。而骆驼却能在脱水时仍保持血液的正常浓度，骆驼只有在几乎每一个器官都失去水分后才丧失血液内的水分。

有意思的是，骆驼既能"节流"，也注意"开源"。它的胃分为三室，前两室附有众多的"水囊"，有贮水防旱的功效。所以，它一旦遇到水，便拼命喝水，除可以把水贮存在"水囊"中外，还能把水很快送到血液里贮存起来，慢慢地消耗。

骆驼在沙漠中长途跋涉需要储备足够的能量。骆驼驼峰中贮藏的脂肪相当于全身重量的1/5，当找不到东西吃时就靠驼峰内的脂肪来维持生命。同时，脂肪在氧化过程中还能产生水分，提供生命活动时所需要的水。所以说，驼峰既是骆驼的"食品仓库"，又是它的"水库"。

骆驼的分布

传统理论认为，现代骆驼的祖先 4500 万年前生活在北美，有可能体型巨大，没有脚趾。在大约 300 万年前才横渡至亚洲，并进而到达中东和非洲。虽然骆驼曾统治北美一时，但当人类出现在美洲大陆不久后就随同其他曾生活在美洲的大部分物种一起消失了。但是，根据路透社报道，近期在叙利亚中部发现的未知巨型单峰驼被认为生活在距今 10 万年前，这令科学家重新审视现代骆驼的起源学说。

骆驼曾经分布广泛，但目前野生物种已经濒于灭绝。现在约有数千只野生双峰驼生活在戈壁滩，在伊朗、阿富汗和哈萨克斯坦也有少量分布。

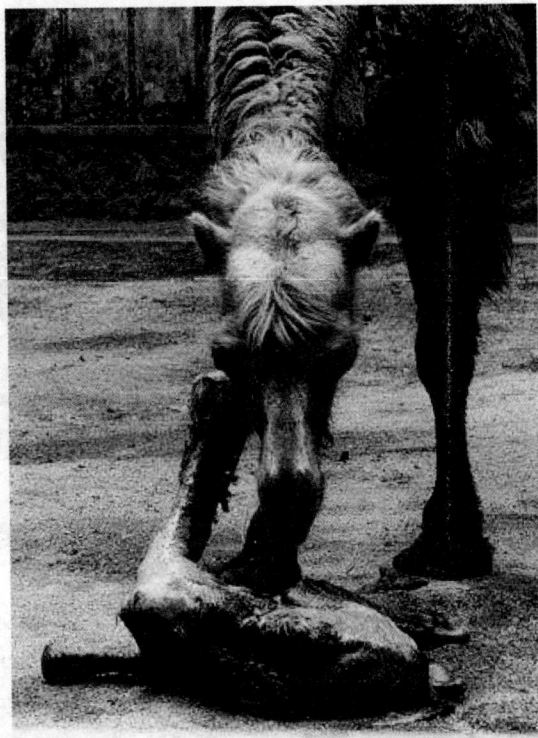

▲刚出生的小骆驼

自然传奇丛书

知 识 库

双峰驼有两个驼峰，是适合寒冷气候的动物。而单峰驼只有一个驼峰，并且更适于沙漠生活。两者的混血体型比两种骆驼都大，有一个驼峰，善于驮物。

骆驼的作用

▲驮运

骆驼的役用性能是其主要的性能之一，它可用做骑乘、驮运、拉车、犁地等。

骆驼是荒漠半荒漠地区，尤其是沙漠地区的主要的骑乘工具，也曾被广泛用于沙漠考察等工作。骆驼虽不善于奔跑，但其腿长，步幅大而轻快，持久力强，加之其蹄部的特殊结构，因此，非常适合作为沙漠中的交通工具。

在沙漠、戈壁、盐碱地、山地及积雪很深的草地上运送物资时，其他交通工具往往难以发挥作用，而骆驼则是这些地区最为重要的驮畜，发挥着其他家畜及交通工具难以替代的作用。因此，骆驼被广泛用于沙漠地区的探险、科学考察、运输等工作。骆驼在气候恶劣、水草供应不足的情况下，仍可坚持运输。一般说来，双峰驼的驮重约为100～200千克，短途运输时，可驮重250～300千克，行程每天可达30～35千米。

体积庞大的鸟类——鸵鸟

遇到危险时，有一种动物会把头埋入沙堆里，以为自己眼睛看不见就安全，这种动物就是鸵鸟。心理学家将鸵鸟这种消极的心态称之为"鸵鸟心态"。"鸵鸟心态"是一种逃避现实的心理状态，是不敢面对问题的懦弱行为。事实上，鸵鸟真的这么懦弱吗？在这篇文章里我们将了解到真相。

▲鸵鸟

自然传奇丛书

鸵鸟的概述

鸵鸟是一种不能飞的鸟，也是现存最大的鸟。鸵鸟主要以植物为食，没有水也能生活很长时间。一般鸵鸟是雄鸟带领几只雌鸟群居。

知识窗

"鸵鸟心态"的真相

动物学家通过观察研究发现，鸵鸟的两条腿很长，跑得快，遇到危险的时候，它逃跑的速度足以摆脱敌人的攻击，不至于把头埋藏在草堆里束手就擒。因此"鸵鸟心态"的真相是：鸵鸟将头和脖子贴近地面，一是为了听到远处的声音，有利于自己及早避开危险；二是可以放松颈部的肌肉，更好地消除疲劳。

第一次世界大战以前，在南非、美国南部、澳大利亚等地都建立了鸵鸟养殖场，鸵鸟养殖业一度繁荣，但一战后，该行业开始衰退。各地的鸵

鸟在皮肤颜色、体形大小和卵的特征方面稍有差别，以前人们认为这是不同的种类，其实这只是鸵鸟的亚种。鸵鸟是一种古老的鸟类，其化石曾发现于俄罗斯南部、印度和中国中北部的上新世地层。

鸵鸟的生物特性

▲鸵鸟头部特写

鸵鸟头比较小，宽而扁平，颈部很长而且灵活。鸵鸟裸露的头部、颈部以及腿部通常呈淡粉红色；喙直而短，尖端为扁圆状；眼大，继承鸟类特征，它的视力非常好，长着很粗的黑色睫毛。鸵鸟的后肢肌肉发达，除用于疾跑外（时速可达 65 千米/小时），还可向前踢，用以攻击其他动物。

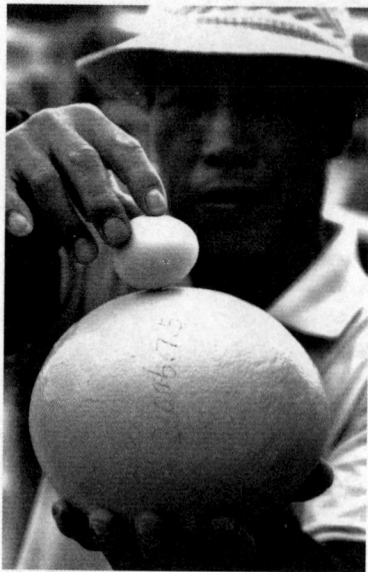

鸵鸟的翼相当大，但不能飞翔，主要是因为胸骨扁平，不具龙骨凸起，锁骨退化。此外，鸵鸟的羽毛分布均匀，羽毛蓬松而不发达，缺少分化，羽枝上无小钩，因而没有形成羽片。显然，这样的羽毛主要功用是保温，而不是飞翔。

成熟的雄鸵鸟体高可达 1.75～2.75 米，体重达 60～160 千克。雄性成鸟的翅膀及羽色主要是用来求偶，它们的全身大多为黑色，翼端及尾羽末端的羽毛为白色，且呈美丽的波浪状。白色的翅膀及尾羽衬托着黑色的羽毛，让雄鸟格外显眼。

▲鸵鸟蛋与普通鸡蛋的对比

鸵鸟的性器官在成熟前都很小。雄性鸵鸟有交配器，在交配季节，成熟雄鸟的睾丸有人的拳头般大小，但在非繁殖期又会萎缩，直到下一个繁殖期才又会膨大。鸵鸟的骨盆为封闭形，值

得注意的是，鸵鸟的排尿和排粪是分开的，这与其他鸟类不同。

鸵鸟的分类

鸵鸟为鸵形目的总称，属于今鸟亚纲中的平胸总目，又称为古颌总目。平胸总目除了鸵形目之外，还有美洲鸵鸟目、鹤鸵目以及无翼鸟目，都属于没有飞行能力的鸟类。

鸵鸟因受地理隔绝而形成不同的品系，主要有如下种类。

一、非洲鸵鸟。非洲鸵鸟是世界上现存的最大鸟类，属于鸵形目鸵鸟科，是所有鸵鸟中体型最大的，也是世界上现存鸟类中唯一的二趾鸟类。非洲鸵鸟产于干旱少雨、气候恶劣、食物贫乏的非洲草原和阿拉伯沙漠地区，其生长速度快、抗病力强、适应性广，而且寿命长，有效繁殖年限长，所以经济价值高。鸵鸟肉为红色，肉质鲜美，营养价值与牛肉相似，比较适合现代消费者的口味。

▲非洲鸵鸟

▲美洲鸵鸟

二、美洲鸵鸟。美洲鸵鸟目只有美洲鸵鸟科一科，分大美洲鸵和小美洲鸵两种。大美洲鸵是美洲最大的鸟，但比其他类型鸵鸟要小得多，体重只有 25 千克。小美洲鸵体型更小，是体型最小的大型走禽。美洲鸵鸟有三个脚趾，又被称做三趾鸵鸟，它们虽然也不会飞，翼却比较发达。

美洲鸵鸟的形态与非洲鸵鸟很相像，具有较小的头部、细长的脖颈、弧形的背脊、徒有其名的翅膀和长长的腿。美洲鸵鸟的寿命较长，可达 20～30 年。

自然传奇丛书

三、澳洲鸵鸟。澳洲鸵鸟又名鸸鹋，是鸟纲鹤鸵目鸸鹋科唯一残存种。澳洲鸵鸟是世界最大的陆地鸟之一，也是世界上最古老的鸟种之一。

四、阿拉伯鸵鸟。阿拉伯鸵鸟分布于叙利亚与阿拉伯的沙漠中，是分布最北的鸵鸟。此品种曾是为数最多的种类，但已经于1941年绝种。

你知道吗？

美洲鸵鸟的主要食物是草原或开阔地带的鲜嫩树叶、树根、种子、果实、杂草等，也吃一些昆虫和小型的无脊椎动物，常与产地的泽鹿以及家畜等食草动物一起觅食，互相帮助和利用，很少直接饮水。

鸵鸟全身都是宝

▲雄鸵鸟

其实论野生鸵鸟，沙特、埃及、苏丹等都比南非多得多，但要论养鸵鸟的历史和用鸵鸟生财的本事，就非南非人莫属了。南非人养鸵鸟始于1826年，最初鸵鸟的数量很少，后来由于西方王室贵族流行穿戴鸵鸟羽毛制作的服饰，一时间鸵鸟身价倍增，一只成年鸵鸟一年只能产1千克羽毛，而一件最简单的鸵鸟披肩也至少需要15千克羽毛，南非农场主们纷纷饲养鸵鸟，使得鸵鸟养殖业一度兴盛。第一次世界大战后，该行业日渐衰退。

现在，冷淡的鸵鸟市场在不断回暖，鸵鸟究竟有什么经济价值重新让人青睐呢？

一、鸵鸟肉。鸵鸟肉营养丰富，具有极高的营养价值，品质优于牛肉，其突出特点是：低脂肪、低胆固醇、低热量，可减少心血管疾病和癌症的发生。加之鸵鸟无疫情侵害，鸵鸟肉已成为国际公认的绿色健康食品。一般的牛、羊、鱼肉均含有较高的胆固醇和脂肪，为了避免肥胖症和

心脑血管疾病，一些人不得不控制吃肉。由于鸵鸟的胆固醇和脂肪低，人们完全可以放心食用。

二、鸵鸟皮。鸵鸟的皮质柔软，其韧度可达牛皮的 5 倍，有耐揉不裂纹之优点。鸵鸟皮革制品轻软、透气、美观、耐用，且富手感，可用做靴鞋、皮带、大衣、手袋、装饰品及名贵家具的制造材料。同时，鸵鸟皮富含胶原蛋白，所以也可食用，甚至可取代猪皮作为胶原蛋白成为化妆品的原料。

三、鸵鸟蛋。鸵鸟蛋一般长达 15 厘米，宽 8 厘米，重量可达 1.5 千克，一枚鸵鸟蛋相当于 30 枚鸡

▲鸵鸟蛋雕艺术

蛋，是目前世界上最大的蛋。鸵鸟蛋的蛋壳厚而坚硬，完好的鸵鸟蛋可以承受 90 千克的重物而不被压破。鸵鸟蛋中的营养极高，煮熟后蛋白晶莹剔透，口感滑嫩有弹性。同时蛋壳是不可多得的工艺品之天然材质，可雕刻或绘画成各种精巧的工艺品。

四、鸵鸟羽毛。鸵鸟雏鸟长到 12 月龄时，它们生长出的雏羽可加工成保暖衣物，如羽毛衣、睡袋等。成年鸵鸟的羽毛，特别是翅膀末端的白羽，质地高雅绚烂，可制成华丽的羽饰品。在欧洲，有人将鸵鸟羽毛作为头饰，或将它们缝在衣裙上用来作装饰用品，而美国拉斯维加斯的歌舞剧女郎也都是使用鸵鸟羽毛来作装饰的。此外，由于鸵鸟羽毛是不带静电的羽毛，其抗静电的特性已应用在电子产品的工厂里。

小 知 识

每百克鸵鸟肉的胆固醇含量是牛肉的 1/6，脂肪含量是牛肉的 1/3，而钙含量则是牛肉的 3 倍，铁含量是牛肉的 5 倍。

行踪诡异的蛇

蛇是无足的爬行类冷血动物的总称，其身体细长，四肢退化，没有可活动的眼睑，身体表面覆盖有鳞。部分蛇有毒，但大多数是无毒的。蛇大概出现在 1.5 亿年以前，毒蛇的出现则要晚得多，毒蛇是由无毒蛇进化而来的，在 2700 万年前才出现。沙漠中也生活着很多种类的蛇，让我们一起来了解它们。

▲令人生畏的蛇

自然传奇丛书

蛇的概况

▲蛇的头

目前世界上的蛇约有 3000 种，其中毒蛇有 600 多种。蛇的个体差异很大，分布在加勒比群岛的马丁尼亚、巴巴多斯等岛上的线蛇，是世界上最短的无毒蛇，只有 9 厘米长，而世界上最长的蛇可以达到十几米。

蛇的行走千姿百态，或

直线行走，或蜿蜒曲折前进，
这是由蛇的结构所决定的。
蛇全身分头、躯干及尾三部
分，头与躯干之间为颈部，界
限不很明显，躯干与尾部以泄
殖肛孔为界。蛇没有四肢，全
身被鳞片遮盖，有保护体肤的
作用。蛇的躯干部呈长筒状，
蛇的尾部为肛门以后的部位。

蛇分为有毒蛇的头部和无
毒蛇，无毒蛇头部一般呈圆锥
状，前端细而后端粗；有毒蛇
的头部一般呈三角形状。

蛇非常聪明灵活，故《圣
经》上有"温驯如鸽子，智慧

▲蛇泡的药酒

如蛇"之说。蛇的捕食本领相当高强，能吞进比自己大许多倍的食物。非
洲有一种食蛋蛇，身体虽没有人的手指粗，却可以吞进鸡蛋和鸭蛋，吃完
蛋清和蛋黄后，还能吐出蛋壳。

蛇的记忆力很好，也非常记仇，能准确地认出曾经伤害过它的人，多
年以后还会伺机进行报复。蛇的同类受到侵犯时，有时也会群起而攻之。
早在公元前3世纪，印度就有耍蛇的职业，在"蛇郎"吹奏的"蛇笛"中，
一条条蛇袅袅起舞，舞姿灵活柔美，引人入胜。南美一些地方的蟒蛇还可
以驯养成家蟒，负责守家和"照看"幼儿。

蛇全身是宝：蛇肉鲜美可口，营养丰富，为餐中佳肴。蛇胆、蛇肝、
蛇皮、蛇毒、蛇油、蛇蜕，乃至蛇血、蛇肠等均可入药治病。将蛇浸制药
酒，能治风湿性关节炎、神经痛等症。蛇胆非常名贵，能祛风除湿、明目
益肝。蛇毒是稀世之宝，可制成镇痛、抗毒、抗凝血的良药，它远比黄金
昂贵，一克蛇毒价值数万美元。

世界上生活在沙漠里的蛇有很多，种类丰富，接下来列举几种。

自然传奇丛书

知识库

世界上最毒的蛇为海蛇，这种蛇出没在澳大利亚西北海岸的阿西莫暗礁附近，它每次分泌的微量毒液足可使上万只老鼠当场毙命。

沙漠眼镜蛇

▲沙漠眼镜蛇

▲遇到危险时的眼镜蛇

沙漠眼镜蛇是属蛇亚目眼镜蛇科下的一个单型蛇属，属下只有沙漠眼镜蛇一种。沙漠眼镜蛇是一种分布于中东至非洲北部地带的有毒眼镜蛇。沙漠眼镜蛇通体黑色，其鳞片有光滑质感，亦称沙漠黑蛇。沙漠眼镜蛇多出没于中东地区的矮树林及干燥地带，分布在埃及、以色列、黎巴嫩、叙利亚及沙特阿拉伯等地。

眼镜蛇最明显的特征是颈部，该部位肋骨可以向外膨起用以威吓对手。因其颈部扩张时，背部会呈现出一对美丽的黑白斑，看似眼镜状花纹，故名眼镜蛇。眼镜蛇被激怒时，会将身体前段竖起，颈部两侧膨胀，此时背部的眼镜圈纹愈加明显，同时发出"呼呼"声，借以恐吓敌人。事实上，很多蛇都可以或多或少地膨起颈部，而眼镜蛇只是更为典型而已。多数眼镜蛇身体很长，最长的可达两米多。

自然传奇丛书

眼镜蛇的毒牙短，位于口腔前部，有一道附于其上的沟能分泌毒液。眼镜蛇的毒液通常含神经毒，能破坏被捕食者的神经系统。它们主要以小型脊椎动物和其他蛇类为食。眼镜蛇毒液中的神经毒素会影响被咬者的呼吸，因此，被眼镜蛇（尤其是较大型种类）噬咬是致命的，所以尽管抗蛇毒血清是有效的，但也必须在被咬伤后尽快注射。

角响尾蛇

▲角响尾蛇

角响尾蛇又叫侧进蛇，属于蝰蛇科小型夜出性蛇。它产于墨西哥和美国西南部的沙质荒漠，体长约 45～75 厘米，眼上方各有一角状鳞，全身呈淡黄、粉红或灰色，背部和身体两侧呈不显眼的斑点。尽管角响尾蛇有毒，但咬人后一般不会使人致命。

角响尾蛇生活在沙漠中那些被风吹过的松沙地区。在夜幕降临后不久它才开始捕食，一般吃啮齿类动物，例如更格卢鼠和波氏白足鼠。白天它在老鼠洞里休息，或是将自己埋藏在灌木下，与沙面保持同高，很难被发现。

▲响尾蛇的响环

像其他响尾蛇一样，角响尾蛇的尾部有响环，这是由它身上一系列的干鳞片组成的。这些鳞片曾经是有活力的皮肤，变成死皮后就成了干鳞片。角响尾蛇会摇动响环，向入侵者发出警告：被它咬到是会中毒的。

自然传奇丛书

角响尾蛇靠一种奇特的横向伸缩的方式穿越沙漠，这使它抓得住松沙，在寻找栖身之处或猎物时行动迅速。当角响尾蛇从沙地上穿过时，会留下其独有的一行行"J"形踪迹。响尾蛇在成长过程中需经历多次蜕皮，每次蜕皮，皮上的鳞状物就被留下来添加到响环上。当它四处游动时，鳞状物会掉下来或被磨损掉，野生蛇的响环上很少超过14片鳞片，而在动物园里饲养的蛇可能会有近30片的鳞片。

你知道吗？

蛇曾是人们崇拜的一种动物。一些原始部落，如美洲印第安人就有9个部落用蛇作为图腾，有的甚至将响尾蛇作为民族标志。

响尾蛇死后仍咬人的秘密

有研究指出，响尾蛇即使死后，在一小时内仍可以跳起施袭。研究者发现，响尾蛇在咬噬动作方面有一种反射能力，而且不受脑部的影响。

研究员访问了34名曾被响尾蛇咬噬的伤者，其中5人表示，自己是被死去的响尾蛇咬伤。即使这些响尾蛇已经被人击毙，甚至头部被切除后，仍有咬噬的能力。

科学家一直以来只知道，响尾蛇的头部拥有特殊器官，可以利用红外线感应附近发热的动物。而响尾蛇死后的咬噬能力，就是来自这些红外线感应器官的反射作用。即使响尾蛇的其他身体机能已停顿，但只要头部的感应器官组织还未腐坏，即响尾蛇在死后一个小时内，仍可探测到附近15厘米范围内发出热能的生物，并自动作出袭击的反应。

沙 蛇

沙蛇是一种生活在沙地中的蛇，沙蛇不大，无毒，对人类不会造成什么威胁。沙蛇白天把自己埋在十几厘米深的沙子里来躲避炎热。

沙蛇在地面寻找食物时的行进方式十分有趣。首先它把自己弯出三个

自
然
传
奇
丛
书

弯，先用一、三两个弯弯向身体的一侧"走一步"，再用身体的第二个弯再"走一步"，这样可以大大减少身体和地面的接触面积，从而尽量保持体温较低的状态。

▲沙蛇

自然传奇丛书

令人生畏的蝎子

▲沙漠金蝎

蝎子是地球上最古老的生物之一，大约在 4 亿年前从海洋里爬上陆地。野生蝎子寿命达 8 年以上，它是世界上新陈代谢最慢的无脊椎生物。有些蝎子甚至能在不吃不喝的情况下存活一年以上。

蝎子概述

蝎子是蛛形纲动物，世界上的蝎子约有 800 余种，生活在沙漠里的蝎子种类不在少数。蝎子的典型特征是有着瘦长的身体、弯曲分段的螯肢以及带有毒刺的尾巴。

成年的蝎子外形酷似琵琶，全身表面都是高度几丁质的硬皮。成年蝎体长约 5~6 厘米，身体分节明显，由头胸部及腹部组成，体黄褐色，腹面及附肢颜色较淡，后腹部

▲南美沙漠木蝎

第五节的颜色较深。蝎子雌雄异体，外形略有差异。

蝎为肉食性动物，通常以无脊椎动物为食，如蜘蛛、蟋蟀、小蜈蚣以及昆虫的幼虫等。沙漠蝎靠触肢上的听毛或跗节毛和缝感觉器发现猎物的位置，它能够探知穴居达 50 厘米深的蜚蠊（蟑螂）的位置。沙漠蝎取食时，用触肢将捕获物夹住，蝎尾举起并弯向身体前方，用毒针蜇刺。毒腺外面的肌肉收缩，毒液即自毒针的开孔处流出。大多数沙漠蝎的毒素足以

自然传奇丛书

杀死昆虫，但对人无致命的危险，只引起灼烧样的剧烈疼痛。

在沙漠中，蝎子白天都躲在沙土下面，因为沙漠的白天是非常酷热的，如果待在沙子表面会被烤成蝎子干，所以蝎子们都喜欢钻到沙子中避暑。另外，躲在沙子里还可以起到掩护作用，方便随时出击捕捉猎物。

你知道吗?

沙漠蝰蛇和响尾蛇能吃掉沙漠里的蝎子（它们的食物就包括蝎子），但是蛇在吞蝎子的时候必须注意不能让蝎子尾巴的针蜇着它的嘴，要不然被蜇到的蛇就会送命。

蝎子的生活习性

蝎子的生活是比较有规律的，它属于昼伏夜出的动物。蝎子好静不好动，喜欢群居，并且有识窝和认群的习性，大多数在固定的窝穴内结伴定居。在一般的大群蝎窝里有雌有雄，有大有小，它们和睦相处，很少发生相互残杀现象，但若不是同窝蝎子，相遇后往往会相互残杀。

▲扁石蝎

在一天当中，蝎子多在日落后晚8时至11时出来活动，到翌日凌晨2至3时便回窝栖息。这种活动规律一般是在温暖无风、地面干燥的夜晚，而在有风天气则很少出来活动。

蝎子虽是变温动物，但它们还是比较耐寒和耐热。外界环境的温度在−5℃～40℃时，蝎子均能够生存。蝎子的生长发育和繁殖与温度有密切的关系。气温下降至10℃以下，蝎子就不太活动了，它们生长发育最适宜的温度为25℃～39℃之间，气温在35℃～39℃时蝎子最为活跃，生长发育加快，产仔、交配也大都在此温度范围内进行。温度超过41℃，蝎子体

内的水分大量蒸发，若此时既不及时降温，又不及时补充水分，则蝎子极易脱水而亡，温度超过43℃时，蝎子很快死亡。

蝎子对各种强烈的气味，如油漆、汽油、煤油、沥青以及各种化学品、农药、化肥、生石灰等有强烈的回避性，可见它们的嗅觉十分灵敏，这些物质的刺激对蝎子是十分不利的，甚至会致死。蝎子对各种强烈的震动和声音也十分敏感，有时甚至会把它们吓跑，终止吃食、交尾繁殖、产仔等。

蝎子的实用价值

▲盘中餐——油炸全蝎

蝎子具有较高的药用价值和食用价值。全蝎常用来治疗惊风、癫痫、风湿、半身不遂、口眼歪斜等。蝎毒具有祛风、解毒、止痛、通络的功效，对食道癌、肝癌、结肠癌等有一定疗效。蝎子营养价值丰富，是重要的滋补保健品。

随着社会物质文明的进步，蝎子作为治疗、保健佳品，备受人们关注。蝎子酒、蝎子罐头、速冻全蝎、蝎粉保健品相继问世，"油炸全蝎"出现在许多宴席上。此外，随着医学的发展，蝎毒的作用被广泛认识，蝎毒很昂贵，每千克约15万元。而1万只成蝎每年可提毒480克，因此，蝎毒的药用价值远远高于蝎子本身。

中东金蝎

中东金蝎分布于非洲与中东，栖居在干燥的沙漠区。中东金蝎体长约5～8厘米，体色为黄褐色、深褐色至黑色都有，尾部相对较短。中东金蝎的体型纤细呈流线型，但却拥有一对强力的大型螯肢，看起来显得有些不对称。

中东金蝎性情凶恶且具侵略性与神经质，生长速度缓慢。中东金蝎天然的栖息处十分广泛，有沙漠、草原、岩石带等，所以它们可以适应多种地形及气候。中东金蝎栖居的洞穴 20～70 厘米深度不等，但有学者发现其野生洞穴可以挖掘至地下 80 厘米深。中东金蝎人工环境下十分容易饲养，但很难繁殖。

▲中东金蝎

亚利桑那木蝎

在美国西南部和墨西哥北部，栖居着一种毒性极强的蝎子——亚利桑那木蝎，这种蝎子经常会与人类相遇，但除非被故意激怒，否则不会主动攻击人。木蝎由于体形较小，毒刺相对也较小，所以每次释放的毒液量并不多，为了弥补这种不足，木蝎毒液的毒性非常大，在抗毒血清开发出来之前，曾对人类造成了很大的威胁。

以色列杀人蝎

以色列杀人蝎生活在中东和北非的沙漠中，其毒性比木蝎有过之而无不及。以色列杀人蝎性情极凶恶，毒液的毒性极强（致命），为世界第一毒蝎！杀人蝎的体形小，毒刺也不大，但其毒液的毒性极强，在量相同的情况下，比任何一种蝎子都要致命，致死率也远远超过木蝎。在中东和北非，很多人都被杀人蝎蜇过。杀人蝎易怒、好斗，毒刺尖利，可以轻易刺穿人的皮肤。如果杀人蝎的毒液进入人的血液，会引起心脏和呼吸衰竭。幸运的是，杀人蝎会严格控制每次攻击释放的毒液量，这对人类来说是一件幸事。

适应环境的高手——蜥蜴

动物世界里蜥蜴和蛇类一直以来都是最能适应各种环境的高手，尤其是蜥蜴，在面对各种各样的环境时，身体结构也能随之作出最适应的改变。所以这个物种可以生活于海洋，栖息于树上，游玩于沙漠，潜藏于地底，甚至能够飞翔于空中，为适应周围环境而进化出各种不同体态。接下来我们一起来了解在沙漠中生存的蜥蜴的情况。

▲沙漠蜥蜴

自然传奇丛书

蜥蜴概况

▲断了尾巴的蜥蜴

在沙漠最热的季节里，最活跃的可能就是某些蜥蜴，甚至灼热的阳光下，它们还会在沙地上奔跑。不过在高温的地表，它们行动极其迅速，只在阴凉的阴影处停驻。它们特有的长腿在奔跑时不会吸收太多地表热量。

蜥蜴俗称"四足蛇"，是一种常见的爬行动物，属于冷血爬虫类，和出现在三叠纪时期的早期爬虫类祖先很相似。蜥蜴大部分是靠

产卵繁衍，但有些种类已进化成可直接生出幼小的蜥蜴。

蜥蜴与蛇有密切的亲缘关系，二者有许多相似的地方，如周身覆盖以表皮衍生的角质鳞片，泄殖肛孔都是一横裂，雄性都有一对交接器，都是卵生（或有部分卵胎生种类），方骨可以活动，等等。

多数蜥蜴有四足，后肢肌肉有力，能迅速奔跑及迅速改变跑动方向。大部分蜥蜴为卵生，卵产于所挖穴中。蜥蜴的捕食方式为静候或搜寻。许多蜥蜴能将尾部自割，断下的尾能迅速扭动以分散捕食者的注意，自身得以逃脱。许多蜥蜴有领域行为（包括领域表演）或求偶表演。

广角镜　蜥蜴适应环境的能力

蜥蜴确实是适应环境的高手。为了应对环境的变化，它们总能找出各种适应方式及技术，有时真的令人无法置信。比如为适应漂流物而广布于太平洋诸岛的蛇眼蜥蜴、为适应树栖生活而拥有特殊脚趾及尾部构造的壁虎、为适应各种不同的地底环境进化成具有四肢或无四肢的石龙子，以及为适应森林树栖生活而演化成具有各种特殊能力的变色龙。

讲解——蜥蜴与蛇的区别

有人认为蜥蜴与蛇的区别在于蜥蜴有四只足，而蛇没有足。但是在一部分蟒科蛇类的泄殖肛孔两侧都可找到一对呈爪状的后肢；而蛇蜥，在外形上连足的痕迹都找不到，人们常常把它们误认为是蛇。

就外形上易于识别的特点，蜥蜴与蛇的区别是：

一、蜥蜴下颌骨的左右两半以骨缝结合，不能活动，口不能张大。蛇的下颌骨左右两半以韧带相连，彼此间可拉开，这是蛇的口可以张得很大的原因之一。

▲蟒科蛇类

自然传奇丛书

▲蛇蜥

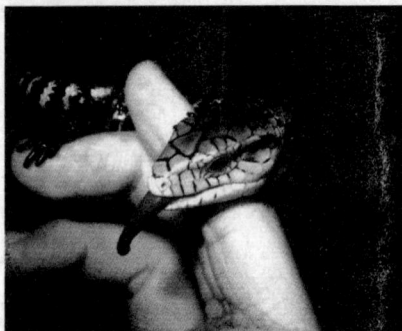

▲蜥蜴舌肥厚

二、蜥蜴一般具有四肢，即使四肢都退化无存的种类，其体内必有前肢带的残余。蛇一般不具四肢，即使有后肢残余的种类，其体内也绝没有前肢带的残余。

三、蜥蜴多具有活动的上眼睑和下眼睑，眼睑可以自由启闭。蛇的上下眼睑愈合为一透明的薄膜，罩在眼睛外面，看起来，蛇眼永远是睁开的。

四、蜥蜴多数种类的舌头都较宽大肥厚。蛇的舌头都很细长，前端分叉甚深，基部位于鞘内，常通过口前端的缺口处时伸时缩，借以搜集外界的"气味"分子以产生嗅觉。

五、蜥蜴一般都有外耳孔，即使没有，也可以从外表看出鼓膜的所在。蛇没有外耳也没有鼓膜，所以外表上看不出听觉器官的痕迹。

六、蜥蜴的尾巴都较长，一般约等于或仅略短于头体长，或为头体长的2～3倍。蛇的尾巴相对较短，为体长的1/2到1/4，即尾长占全长的1/3到1/5。

尽管蜥蜴和蛇二者有许多相异之处，但就动物界发展过程中有机结构的演化程度上来看，它们都处于同一发展阶段，而且非常相近。所以当前世界上几乎所有的分类学家都把它们共置于爬行纲下的有鳞目中，区别为两个不同的亚目。

荒漠沙蜥

荒漠沙蜥是生活于荒漠或半荒漠地区的蜥蜴类。它们的外部形态有许多适应荒漠生活的特征，如上下睑缘鳞的游离缘尖出构成锯齿状、鼻孔内有能自主启闭的瓣膜、耳孔及鼓膜均隐于皮肤内等。荒漠沙蜥营穴居生活，一般筑洞于较板结的沙砾地斜面、沙丘和土埂上，也有的在砾石下筑窝。沙蜥的食物主要是各类小昆虫，例如蚂蚁、瓢虫、椿象等。

荒漠沙蜥的体温会随环境温度的变化而变化，荒漠沙蜥通常选择

▲蛇的舌头细而长且前端分叉　　　▲荒漠沙蜥

38℃～40℃的环境，而当温度在－3℃时它们会因为低温而死亡。

魔 蜥

魔蜥又名澳洲棘蜥、刺甲蜥，是一种澳洲特有的沙漠蜥蜴类，分布于澳大利亚的中部和南部。魔蜥一般体长 20 厘米左右，身体和尾被覆刺状鳞，头上还有两个特大的刺，这使得它们非常容易被辨识出来。

▲魔蜥

虽然有一个凶险的名字，但是魔蜥是一种完全无害的动物。当它们受到惊吓的时候，会把自己的头埋在它的两条前腿之间，或者改变自身颜色寻求安全。它们可以根据环境背景的变化呈现出红色、黄色或棕色，使之与周围环境相融，以伪装来抵御掠食者。

在沙漠严苛的自然环境中，魔蜥以一种非常特殊的方式来获取水资源。当夜幕降临的时候，沙漠变得非常冷，空中的水蒸气在魔蜥的身体上形成露水，魔蜥皮肤上数以千计的细小的凹槽，非常快地使露水遍布全身，最终顺着凹槽直接送进魔蜥的嘴里。

魔蜥通常以蚂蚁为食，而且饮食方式非常怪异。魔蜥会坐在一个蚁穴边几个小时，用自己充满黏液的舌头粘住蚂蚁为食，每次最多能吃 1800 只蚂蚁。

大漠的奔跑高手——羚羊

自然传奇丛书

▲羚羊

我们常以"羚羊挂角"来比喻意境超脱，不着形迹。那"羚羊挂角"一词是怎么来的呢？原来它来自于一则传说。传说羚羊晚上睡觉的时候，跟普通的牲口野兽不同，它会寻找一棵树，看准了位置就奋力一跳，用它的角挂在树杈上，这样可以保证整个身体是悬空的，别的野兽够不着它。那么聪明的羚羊到底是什么样的动物，为什么它能在荒漠中生存呢？这些问题你会在这篇文章中得到答案。

羚羊概述

羚羊是对一类偶蹄目牛科动物的统称，广义上包括了大羚羊和小羚羊一类的动物。羚羊的种类繁多，体型优美、轻捷，四肢细长，蹄小而尖，而且非常机警。羚羊有的种类雌、雄都有角，而有的种类仅雄的有角。羚羊的身高一般在60～90厘米，经常5～10只一群，有的一群可多达数百只。羚羊一般生活在旷野或沙漠，有的栖息于山区地带。

羚羊的特征是长有空心而结实的角，它与牛、羊这一类的反刍动物是有区别的，许多被称为羚羊的动物可能与人们印象中的相去甚远。

广义上，羚羊主要分布在非洲，小羚羊分布在非洲和亚洲。阿拉伯半岛是阿拉伯大羚羊和小鹿瞪羚的栖息地，印度是印度大羚羊、印度瞪羚和印度黑羚的栖息地，我国和东南亚则是四角羚、藏羚羊和高鼻羚羊的栖

息地。

小博士

什么是反刍动物？

反刍动物是指有反刍这种消化方式的动物。反刍是指动物进食经过一段时间以后，将半消化的食物返回嘴里再次咀嚼。反刍动物通常是一些草食动物，因为植物的纤维是比较难消化的。反刍动物属哺乳纲偶蹄目反刍亚目，如骆驼、鹿、长颈鹿、羊驼、羚羊、牛、羊等。由于这类动物都具有复杂的反刍胃，能反刍食物，故称反刍动物。

阿拉伯羚羊

阿拉伯羚羊又叫作军刀叉角羚羊，生活在亚洲、非洲干旱地区，特别是阿拉伯半岛一带。阿拉伯羚羊善于奔跑，主要栖息在草地与荒漠、半荒漠地带。它的头上有一对灰白色的长角，它身体的上部呈白色，头上面部中间有一块黑斑，呈三角形，尾巴比较长，周身呈白色。

▲阿拉伯羚羊

阿拉伯羚羊角很长，雌性的羚羊角上面呈现出圈环状态。长角是羚羊的武器与防护装备，脖子与肩部皮肤较厚，利于飞奔。遇到危险时，阿拉伯羚羊会用角抗敌，由于尖角锐利可以刺死狮子与胡狼。

阿拉伯羚羊适应了沙漠与荒漠生活，心脏与肺很大，能够忍耐45℃的高温。根据阿拉伯联合酋长国的有关资料，阿拉伯羚羊在残酷的自然条件下能够不喝水而整天奔跑。有时候在特殊情况下，甚至可以几年不喝水而生存，这种动物的解渴本领真是令人佩服。那它们怎样吸收水分呢？原来，在早上或者凌晨，羚羊早早地起来，以便汲取草叶上面的水分，或者

就靠沙漠植物里面含有的水分来补充身体对水的需求。

阿拉伯羚羊是食草动物，它们依靠野草、灌木、浆果以及沙漠植物的根茎生存。找到食物后，阿拉伯羚羊会不加任何咀嚼很快地吃下去，然后再找一个安静的地方重新咀嚼、消化。在雨后，大批羚羊会成群结队地去寻找丰美的牧草。

如果不遇到危险，阿拉伯羚羊一般不会急速奔跑，但是会经常长时间地走路。需要的时候，一夜之间，它们可以走 50 千米。一个阿拉伯羚羊群落的羚羊数目通常超过 60 只，雄性在种群中处于支配地位。雄性羚羊通过角斗取得地位，只有很强壮的"战斗英雄"才拥有异性。羚羊在白天比较安静，它们用长角挖洞，或者在阴凉的地方休息。它们的平均寿命是 20 岁。

现在，不少阿拉伯国家建立了羚羊保护区，沙特、阿联酋、安曼、约旦、也门都很重视保护这种沙漠动物，在阿联酋的野外荒漠中，人们还可以找到悠闲散步的羚羊。

你知道吗？

阿拉伯羚羊非常聪明，如果偶尔有个地方下雨的话，它们在很遥远的地方就能感觉到下雨的信息，然后立刻长途跋涉，以最快的速度来到下雨的地方。因为阿拉伯羚羊对雨的反映极其灵敏，动物学家就老觉得阿拉伯羚羊身体里面天生有一个气象雷达系统。

知 识 库

新生阿拉伯羚羊出生几分钟后就能跟随群体奔跑。小家伙没有黑斑，没有长角，有黑眼睛，身体是彩色的。在头三个星期内，经常在阴凉处休息。长大后，便跟随妈妈一起生活一年左右。

弓角羚羊

弓角羚羊是羚羊类中最善于跳跃的种类。弓角羚羊跳起时脊背弓起，

▲弓角羚羊

四肢下伸而靠拢，一跃可高达3～3.5米。弓角羚羊体长1.2～1.5米，肩高68～90厘米，体重32～36千克，四肢细长，臀部及其背面、腹部、四肢内侧均为白色。它们的背部中央有一条纵向的由皮肤下凹而形成的褶皱，褶皱内的毛为白色，当受惊而开始逃跑时，褶皱展开，出现一条明显的白脊，这是向同伴告警的信号。弓角羚羊雌雄均有角，黑色角上具环棱。

弓角羚羊主要栖于半沙漠地区，夏季大多居于空旷的荒漠地带，晚秋至冬季则在盐沼半荒漠地带。弓角羚羊几乎一生都不喝水，水分都从植物中获取。尽管栖息地的环境非常恶劣，但身体仍十分健康。它们多以5～20只为一群移动，由年长的公羚羊领队。它们的蹄呈扇形，很适合在沙地行走，不致陷入沙中。

南非剑羚

南非剑羚，或称南非长角羚，原产于非洲南部，属偶蹄目，是长角羚属现存的四个成员之一，分布于南非、纳米比亚及博茨瓦纳。

南非剑羚体长约1.5～2米，肩高约1.1～1.3米，体重约100～200千克，是剑羚属中最大型的种类。南非剑羚身体上覆盖的毛是灰褐色，但脸部、腹部及四肢下部的体毛是白色，脸部中央、眼睛到嘴巴四周、咽部、前肢与后肢之间的体侧、四肢的胫部

▲南非剑羚

及尾巴都有黑色的毛分布。

南非剑羚的雌雄都有长而直的角，其中以雄性的角较大，最长可达1.2米。南非剑羚栖息于沙漠之中，以一只强大的雄性为中心，形成约10～40只的群体共同生活。年迈的雄性个体会离开群体独自生活。南非剑羚为草食性动物，吃草或树叶等。繁殖的形式是胎生，一次可以产下一只幼体。繁殖期时，雄性之间会互相

▲南非剑羚幼仔

以角搏斗，以竞争与某只雌性繁殖的机会。

曲角羚

▲曲角羚

曲角羚体重60～125千克，体长1.5～1.7米，肩高0.95～1.15米，原产于撒哈拉沙漠，它的一生几乎不喝水，从植物中获取它们所需的水分，它们有极不成比例的大脚来阻止自己陷入沙中。

曲角羚分布在沙漠和半沙漠的地区，从西撒哈拉和毛里塔尼亚到埃及和苏丹都有它的踪迹。由于人类狩猎活动，曲角羚活动范围已经大大减小，数量也十分稀少。

自然传奇丛书

跳跃行走的精灵——沙鼠

▲正在进食的沙鼠

在撒哈拉大沙漠中，有一种土灰色的沙鼠，每当旱季到来之时，这种沙鼠都要囤积大量的草根，以准备度过这段艰难的日子。因此，在整个旱季到来之前，沙鼠都会忙得不可开交，在自家的洞口进进出出，满嘴都是草根。在又干又热的沙漠里，老鼠表现出这样坚强的生命力，让人惊叹不已。现在就让我们一起了解这些生活在沙漠里的小精灵。

沙鼠科

沙鼠科因为主要分布于荒漠地带而得名，它是一个包含共15属，约110个物种的亚科，广泛分布于非洲、亚洲和欧洲的荒漠草原、山麓荒漠、戈壁和沙漠，其中有几种在我国北方特别是西北地区经常出没。

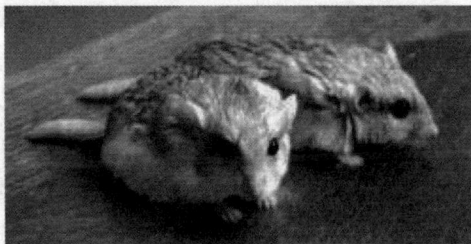

▲肥尾沙鼠

沙鼠非常适应干旱地区的生活，一生中几乎不用喝水。沙鼠的有锋利的爪，可挖掘复杂的洞穴，并在洞穴中储藏大量食物。沙鼠中有些种类后肢比较长，适合跳跃行走，以便于使身体远离滚烫的沙地。沙鼠的尾巴比较长，可以起到平衡的作用。

▲肥尾沙鼠可爱的睡觉姿势

▲子午沙鼠

接下来让我们认识几种沙鼠。

一、肥尾沙鼠。肥尾沙鼠是沙鼠中的一个物种，也是肥尾沙鼠属下的唯一物种。肥尾沙鼠一般身长10～13厘米、尾长5厘米，它们习惯生活在高温和比较干燥的环境中，晚上觅食。肥尾沙鼠很爱干净，每天会用很多时间洗脸刷毛，但是它很少排尿，尿液也没有刺鼻的味道。

肥尾沙鼠有着粗而浓密的毛皮，看起来有些像仓鼠，区别于仓鼠的就是有着尖尖的鼻子和一个肥胖得像球棒一样的尾巴。肥尾沙鼠会把食物和水分储存在尾巴，就像骆驼把食物和水分存在驼峰上一样，因此，一只健康的北非肥尾沙鼠应该有饱满的尾巴。

好奇心是蒙古沙鼠最吸引人的地方，而北非肥尾沙鼠完全缺乏好奇心。把它放在手掌心上，它只是坐在那里，对它的新环境一点也没有兴趣，也不会试图逃跑。肥尾沙鼠怀孕的概率小，所以繁殖少。当它们打架时，发出洪亮的尖叫声，而且总是咬对方的尾巴，导致通常作为伴侣的两只沙鼠的尾巴几乎都有永久的咬痕。

二、子午沙鼠。子午沙鼠主要栖息于荒漠或半荒漠地区，有时也见于非地带性的沙地和农区。在我国内蒙古地区，子午沙鼠的典型生存环境为灌木和半灌木丛生的沙丘和沙地。

子午沙鼠体长一般为10～15厘米，尾巴和身体的长度差不多。子午沙鼠的耳壳明显突出毛外，向前折甚至可达眼部。子午沙鼠身体背部的毛为浅棕黄色至沙黄色，腹部的毛是纯白色，尾部的毛是棕黄色或棕色。子午沙鼠的听泡发达，上门齿前面有一条纵沟。它们一般不冬眠，喜欢在夜间活动，活动高峰为子夜零时。

万花筒

沙鼠是沙漠肉食动物的重要食物来源。

跳鼠科

跳鼠科为啮齿目的一科，通称跳鼠，因后肢长而用双足跳跃方式行动而得名。跳鼠科动物通常眼睛较大，多在夜间及晨昏活动。该属包括10属，约27种，主要分布于亚洲中部和西部的干旱地区，也见于非洲北部。

▲可爱的跳鼠

跳鼠科动物多在夜间及晨昏活动，夜间活动时，主要靠耳壳和听泡来接收和放大周围的微弱声响，以躲避天敌和辨别方向。因此，跳鼠的耳壳和听泡都非常发达，耳长多在1.5厘米以上，最长可达6厘米。

跳鼠科动物都有冬眠的习性，以尾部积累的脂肪在蛰伏期间补充机体能量的消耗。它们主要吃植物，在夏季也捕食昆虫。

接下来我们认识几种跳鼠。

一、五趾跳鼠。五趾跳鼠分布于我国西北、华北以及俄罗斯、蒙古、朝鲜等地的荒漠地带。五趾跳鼠大小和家鼠差不多，体长13～15厘米，体重95～140克。它的后腿特别长，脚底下有硬毛垫，适宜在沙地上跳跃；与后腿相适应的尾巴比身体还长，可达20厘米，尾上有黑色环斑，末端还有一簇白色蓬松的尾毛，很像个小刷子。

五趾跳鼠的身体比较小，全身大部分都是沙黄色，这样的体色与沙漠环境极相似，能很好地隐蔽自己，起着保护作用。五趾跳鼠的耳朵比较宽大，个别种类跳鼠的耳朵甚至有身体一半长，与兔子的耳朵一样，也能竖立起来，听觉非常灵敏。

五趾跳鼠的四肢生得极不匀称，后肢要比前肢长很多，走路时只有后

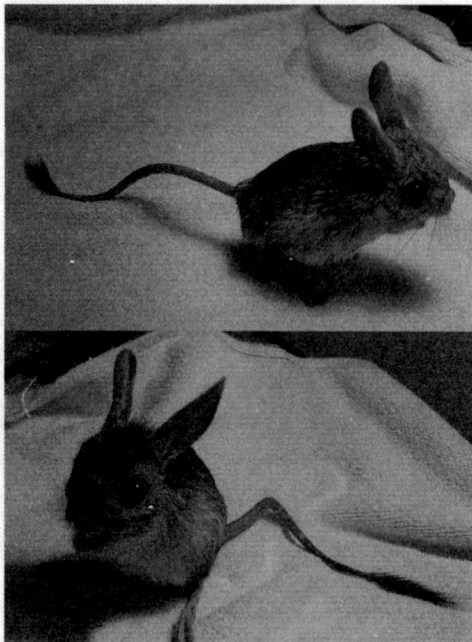

▲五趾跳鼠

▲沙漠米老鼠

自然传奇丛书

脚着地，强健而长长的后肢成了跳鼠迅速跳跃、跳远的最有力武器，再加上尾巴的密切配合，因此跳鼠就成了沙漠里的跳远健将。这种善于跳跃的脚，是长期生活在沙漠中适应环境而形成的。因为沙漠里空气温度高，地面沙子的温度更高，于是跳鼠不得不尽量减少与炙热大地的接触，故采取跳跃前进的方式，减少沙子传递过来的热量。跳鼠的尾巴很长，甚至比它自己的身体还长，这可以使其在高速行进中尽量保持身体的平衡，摆脱沙漠狐的袭击。

入秋以后，由于日照缩短，气温降低，食物变少以及五趾跳鼠自身生理变化等内因的影响，它们开始进入冬眠。通常是从9月末开始蛰眠，一直到第二年4月初才出蛰。五趾跳鼠蛰眠还有一定顺序，先是老年雄鼠，其次是老年雌鼠，最后才是幼鼠，可见它们冬眠还与性别及年龄有一定的关系。出蛰后开始交配繁殖，雌鼠每年产2～3胎，每胎产3～5仔。

二、沙漠米老鼠。沙漠米老鼠即长耳跳鼠，最早发现于新疆吐鲁番火焰山景区。沙漠米老鼠

长着长长的耳朵，靠长而有力的后腿跳跃行进。由于长耳跳鼠生活在沙漠地区而被誉为"沙漠中的米老鼠"，属于全球濒临灭绝的物种之一。

　　这种老鼠其实很容易被识别，因为它们长着两只特殊的大长耳朵，它们的耳朵几乎是头的三倍大。它们还长着一双大而黑的眼睛，以及与它们的小身体不成比例的袋鼠一样的双腿。它们一般在夜间活动，多以昆虫为食。

　　沙漠米老鼠的主要天敌之一是猫，这种天敌对一种动物的影响力之大令人惊讶。一只饥饿的猫一个晚上能捕捉到 20 只沙漠米老鼠。猫原来生活在人类的居所附近，但是当夜晚降临时，如果猫依然饥饿难耐，它们就会窜进沙漠，猎捕沙漠米老鼠。

小 知 识

　　五趾跳鼠喜欢栖息在靠近丘间低地周围的沙梁斜坡上，常常在寸草不生的明沙中建窝筑巢，故又有"沙跳"之称。

自然传奇丛书

飞翔的哺乳动物——蝙蝠

蝙蝠数量众多，分布广泛，除南北极及一些边远的海洋小岛屿外，世界上到处都有蝙蝠，其中热带和亚热带蝙蝠最多。几乎所有的蝙蝠都是白天憩息，夜间觅食。蝙蝠的颜色、皮毛质地及面型千差万别。这篇文章里我们将了解那些生活在荒漠里的蝙蝠的情况。

▲蝙蝠

蝙蝠概述

▲蝙蝠在捕食昆虫

蝙蝠是翼手目动物的总称，翼手目是哺乳动物中仅次于啮齿目动物的第二大类群，除极地和大洋中的一些岛屿外，分布遍于全世界。它们大体上可以分成大蝙蝠和小蝙蝠两大类，大蝙蝠类分布于东半球热带和亚热带地区，体形较大，身体结构也较原始。小蝙蝠类分布于东、西半球的热带、温带地区，体型较小，身体结构更为特化。

蝙蝠是唯一一类演化出真正有飞翔能力的哺乳动物。蝙蝠的翼是在进

▲倒挂休息的蝙蝠

化过程中由前肢演化而来，是由其修长的爪子之间相连的皮肤——翼膜构成。除拇指外，前肢各指极度伸长，有一片飞膜从前臂、上臂向下与体侧相连直至下肢的踝部。蝙蝠的胸肌十分发达，胸骨中的龙骨凸起，锁骨也很发达，这些均与其特殊的运动方式有关。它非常善于飞行，但起飞时需要依靠滑翔，一旦跌落地面后就难以再飞起来。蝙蝠飞行时把后腿向后伸，起着平衡的作用。

蝙蝠的体型大小差异极大，最大的狐蝠翼展达 1.5 米，而基蒂氏猪鼻蝙蝠的翼展仅有 15 厘米。蝙蝠的各种类也千差万别，栖息于空旷地带的蝙蝠，皮毛上常有斑点或杂色斑块，颜色也各不相同。

几乎所有蝙蝠均于白天憩息，夜晚觅食，这种习性便于它们侵袭入睡的猎物，而自己不受其他动物或高温阳光的伤害。蝙蝠通常喜欢栖息于孤立的地方，如山洞、缝隙、地洞或建筑物内，也有栖于树上、岩石上的。它们总是倒挂着休息。蝙蝠一般群居，每群从几十只到几十万只不等。

某些种类的蝙蝠是飞行高手，它们能够在狭窄的地方非常敏捷地转身。蝙蝠是唯一能振翅飞翔的哺乳动物，其他像鼯鼠等能飞行的哺乳动物，只是靠翼形皮膜在空中滑行而已。夜间，蝙蝠主要依靠回声来辨别物体和捕食，它们发出人类听不见的超声波，当超声波遇到物体时，会像回声一样反射回来，由此蝙蝠就能辨别出这个物体是移动的还是静止的，以及离它们有多远。

蝙蝠类动物的食性相当广泛，有些种类喜爱花蜜、果实，有的喜欢吃鱼、青蛙、昆虫，有的吸食动物血液，甚至吃其他蝙蝠，大多数蝙蝠以昆虫为食。因为蝙蝠捕食大量昆虫，故在昆虫繁殖的平衡中起重要作用，甚

自然传奇丛书

至可能有助于控制害虫。

蝙蝠一般都有冬眠的习性，冬眠时新陈代谢的能力降低，呼吸和心跳每分钟仅有几次，血流减慢，体温降低到与环境温度相一致，但冬眠不深，在冬眠期有时还会排泄和进食，惊醒后能立即恢复正常。它们的繁殖力不高，而且有"延迟受精"的现象，即冬眠前交配时并不发生受精，精子在雌兽生殖道里过冬，至第二年春天醒眠之后，经交配的雌兽才开始排卵和受精，然后怀孕、产仔。

自然传奇丛书

万花筒

蝙蝠在中国传统文化中象征"福气"，民间绘画中画五只蝙蝠，意为"五福临门"。

蝙蝠睡觉时为什么倒挂？

蝙蝠是具有飞行能力的哺乳动物，它的前肢连着又宽又大的翼膜，后肢又短又小，并被翼膜连住。蝙蝠落地时，只能伏在地面，慢慢爬行，动作很慢。因此，蝙蝠便随时倒挂着，一旦有了危险，便能容易地伸开翼膜起飞。此外，到了冬季，蝙蝠也是以倒挂的姿势进入冬眠的，这样可减少与冰凉的顶壁的接触面积。

接下来介绍一类在沙漠中生活的蝙蝠。

叶口蝙蝠

叶口蝠科为翼手目的一科，因有发达的鼻叶而得名，叶口蝙蝠常在地面用四肢行走，形态习性多样化。

叶口蝠科的成员无论从体型还是习性上都非常多样化，除了小型食虫性蝙蝠之外，也有体型非常大的肉食性成员、食果实或花蜜的成员，甚至

吸血的成员。叶口蝠科中体型最大的成员是假吸血蝠，翼展可达1米，是小蝙蝠亚目体型最大的成员，可以捕食较大的猎物。叶口蝠科有多种食果实和花蜜的成员，拉丁美洲的不少植物依靠它们来授粉和传播种子。

▲叶口蝠科物种

同其他动物一样，自然界的蝙蝠越来越少，趋于灭绝。用于消灭昆虫的毒剂和木材保护药剂等会把在冬眠的它们药死。同时，许多错误的观念也使人类大批地捕杀它们。一些蝙蝠栖居的空心树木被伐掉了，废墟被拆除或者被重修得严丝合缝，也使它们无法生存。

蝙蝠在维护自然界的生态平衡中起着很重要的作用，蝙蝠能消灭大量蚊子、夜蛾、金龟子等害虫，一夜可捕食3000只以上，对人类有益。蝙蝠聚集地的粪便还是很好的肥料，对农业生产有用。经过加工的蝙蝠粪被称为"夜明砂"，是中药的一种。作为自然界里不可缺少的一员，请大家保护蝙蝠。

知识库

人们常用"飞禽走兽"一词来形容鸟类和兽类，但这种说法有时并不一定正确，因为有一些鸟类并不会飞，如鸵鸟、鸸鹋和企鹅等；同样也有一些兽类并不会走，如生活在海洋中的鲸类等，而蝙蝠类不能像一般陆栖兽类那样在地上行走，却能像鸟类一样在空中飞翔。

耐心的守望者——蜘蛛

蜘蛛是自然界最常见的节肢动物之一，全世界有几万种，从天上到地下，从陆地到海洋，到处都有它们的踪迹。大多数蜘蛛都会吐丝织网，蜘网不仅巧妙、复杂，而且功能齐全，设计精细，陷阱密布，网上有通信线、报警线、行路线、餐室、婚室、育儿室等等，恰如一个神奇的迷宫。通过这篇文章我们将了解那些生活在荒漠里的蜘蛛。

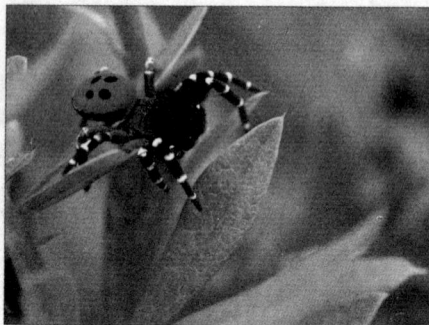

▲蜘蛛

蜘蛛概述

蜘蛛是节肢动物门蛛形纲蜘蛛目所有种的通称，蜘蛛的种类繁多，适应性强，它能生活或结网在土表、树上、草间、石下、洞穴、水边、低洼地、灌木丛、房屋内外，或栖息在海岸湖泊带。总之，水、陆、空都有蜘蛛的踪迹。

蜘蛛的种类数目繁多，自然界中蜘蛛有近4万种，这些蜘蛛大致可分

▲蜘蛛织网捕食

为游猎蜘蛛、结网蜘蛛及洞穴蜘蛛三种。第一类会四处觅食，第二类则结网后守株待兔，而人们作为宠物饲养的大多是第三类：洞穴蜘蛛。洞穴蜘蛛喜欢躲在沙堆或洞里，在洞口结网，网本身没有黏性，纯粹用来感应猎物大小，并加以捕食。进食时先吐出消化液，进行体外消化，再吸入液化的食物。

自然传奇丛书

蜘蛛对人类有益又有害，但就其贡献而言，还是将其归类于益虫。例如，在农田中蜘蛛捕食的，大多是农作物的害虫。同时，许多中医药中，都有用蜘蛛入药的记载，因此，保护和利用蜘蛛具有重要的意义。特别是保护稻田蜘蛛有三大好处：一是有效地稳定了生物种群的平衡；二是减少了稻米化学农药残毒，保障人畜安全；三是降低了生产成本，可获得增产增收。所以，在防治农作物病虫害中，提倡使用高效低毒农药，开展生物防治，保护天敌，两项并举效果显著。

在世界各地的沙漠中，生活着各种各样的蜘蛛，这里我们介绍几种典型的蜘蛛。

知识库

蜘蛛与人类关系密切

生活在田野的蜘蛛，是保卫庄稼的忠诚"卫士"：跳蛛在地面巡逻；圆蛛、营巢蛛在植物叶面上结网；水狼蛛封锁水面。无论天上飞的、地上跑的、水上游的，那些飞虱、叶蝉、蝗虫、蚜虫、稻蝗蛉、稻苍虫等害虫，都难逃众多蜘蛛布下的天罗地网。研究蜘蛛的各种行为的奥秘，对人类生活、仿生高科技都有重大的现实意义。

万花筒——最大的蜘蛛与最小的蜘蛛

格莱斯捕鸟蛛的雌蛛是世界上最大的蜘蛛，重达135克，体长10厘米，展肢可达25厘米。它们生活在拉丁美洲的热带雨林中，有时捕食蛙类、蜥蜴或其他小型哺乳动物。最小的蜘蛛叫施展蜘蛛，人们曾在西萨摩尔群岛采到一只成年雄性施展蜘蛛，体长只有0.043厘米，还没有印刷体文字中的句号大。

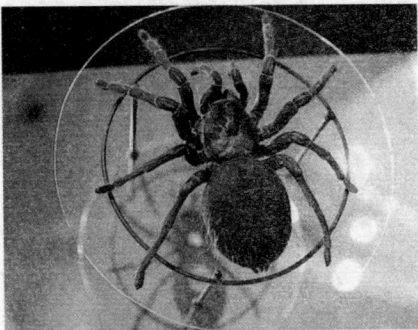

▲格莱斯捕鸟蛛

自然传奇丛书

太阳蜘蛛

▲太阳蜘蛛

太阳蜘蛛是典型的沙漠动物，它们在沙漠中比在其他任何环境中都要悠闲自得。与我们常见的蜘蛛不一样的是，沙漠中的蜘蛛并不结我们常见的那种蜘蛛网，因为在这种经常刮大风的环境里，蜘蛛结网并不能起到应有的作用，而且沙漠中飞虫也较少，更重要的原因是拉丝结网会损失它们体内宝贵的液体。

太阳蜘蛛也叫作骆驼蜘蛛，因为它的个头实在是太大了，它的腿伸开之后身体能有 15 厘米宽。太阳蜘蛛在沙漠中的跑动速度也十分惊人，可以达到每小时 16 千米，是所有陆生无脊椎动物中跑得最快的，它们比人的奔跑速度还要快。如果考虑到速度与身体大小的比例，那么它就是所有陆生动物中的跑步冠军，甚至超过了非洲猎豹。

太阳蜘蛛的头部很大，并且具有巨大的、空心的颚，可以将猎物体内的汁液全都吮吸出来。除非被侵犯，太阳蜘蛛不会主动攻击人类。当它们迎敌时，会利用可怕的大颚用力一咬，但是并不会使人中毒。太阳蜘蛛会将猎物咬成小片再吸取汁液。有时人们会遭遇到太阳蜘蛛，这是因为它们在夜晚会被亮光吸引，因此有时会闯入帐篷里，或是在火堆旁游走。

小知识

在我国古籍中，记载蜘蛛的异名甚多，如网虫、扁珠、圆珠等，在李时珍著的《本草纲目》中记载"蜘蛛即尔雅土蜘蛛也，土中有网"。

自然传奇丛书

白夫人蜘蛛

白夫人蜘蛛也是生活在沙漠中的一种蜘蛛，它们往往在沙地的表面挖上一个小坑，然后在坑口上织一张网，并在网上放上一些沙粒，伪装得像是平常的沙地表面一样，当它们的猎取对象，如蟋蟀等在网上走过时，就会掉进坑里，成为蜘蛛的美餐。

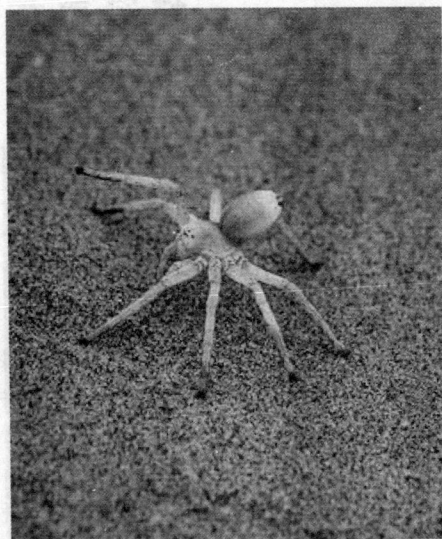

还有一种沙漠蜘蛛和白夫人蜘蛛一样，也是用沙粒掺在网中，结成一张可以将它自己盖住的网，当网结好以后它就钻到网的下面，等待着猎物到来，并且用网将猎物缠住。

▲白夫人蜘蛛

自然传奇丛书

天窗蜘蛛

天窗蜘蛛，生活在南美洲的巴塔哥尼亚沙漠中，它们有挖洞的习惯，洞的深度可达 30 厘米，洞口总是用自己结的网封得严严的，等沙子将网覆盖上之后，人和其他动物根本就无法发现洞口。还有其他一些蜘蛛，也具有这种习性，这些蜘蛛利用洞穴来躲避沙漠上的严酷气候。

万花筒

严酷的环境锻炼了蜘蛛特殊的本领，在敌人袭击它时如果蜘蛛看情况不妙，立刻收紧身体像一个"球"顺着沙漠的地形翻滚下去，每分钟可以转 42 圈，逃走的速度令敌人望尘莫及。

轻盈灵巧的沙漠狐

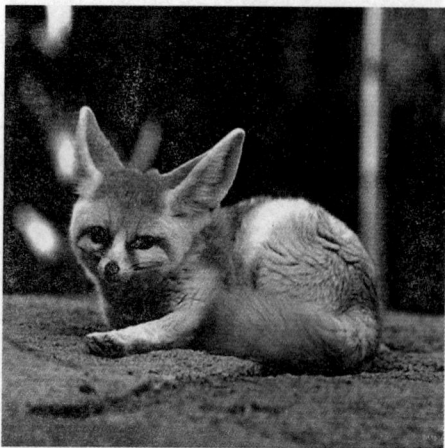

▲沙漠狐

长在沙漠地带的沙漠狐是世界上最小的狐狸，它长着圆圆的脸，一双机灵的大眼睛，体态非常轻盈灵巧，接下来就让我们仔细来解读它。

沙漠狐概况

沙漠狐又称郭狐，这是因为它们的耳朵异乎寻常地大，长达 15 厘米，比大耳狐的耳朵还要大。沙漠狐体长约 30～40 厘米，尾长 18～30 厘米。从它们的耳朵与身躯的比例来说，沙漠狐的耳朵在食肉动物中可以说是最大的了。

沙漠狐的这双大招风耳是它们的散热器，这是它们适应沙漠地区炎热气候的需要。同时，这双大耳朵还能够对周围的微小声响作出反应，能够分辨出声波的微弱差异。沙漠狐的大耳朵总是面向着发出声音的方向，让声音同时传送到两耳。晚上，沙漠狐靠它们收听要捕食的动物——如沙鼠、小鸟、蛇和蝎子所发出的声音，也收听那些想吃它们的动物，如鬣狗和胡狼发出的声音。沙漠狐也捕猎体形比它们大的动物，如沙漠野兔。它们会迅速地咬住猎物的脖子，直到把它们咬死。

沙漠狐生活在北非的沙漠中，那里白天酷热，夜晚严寒。白天，它们为逃避酷暑待在地下的洞穴中，这种洞穴可达数十米长，一直通到小山或土冈边；晚上，它们靠身上的皮毛保暖。

广角镜　　狐狸的趣闻

看到有猎人做陷阱的话，狐狸会悄悄跟在猎人屁股后面，看到对方设好陷阱离开后，就到陷阱旁边留下可以被同伴知晓的恶臭作为警示。碰上刺猬，狐狸会把蜷缩成一团的刺猬拖到水里。看到河里有鸭子，它还会故意抛些草入水，当鸭子习以为常后，就偷偷衔着大把枯草作掩护，潜下水伺机捕食鸭子。

小知识——北极狐与沙漠狐的比较

生活在北极的北极狐不仅耳朵比较短小，尾巴和四肢也比较短小。这种尽量减小体表面积的形态特征，有利于防止热量过分散失，是和寒冷的环境相适应的。相反，生活在非洲沙漠的沙漠狐能够通过较大的耳朵和其他器官，及时散失体内大量的热量，适应炎热的生活环境。

▲北极狐

蝠耳狐

蝠耳狐最引人注目的体态特征是那对超大的耳朵，同它娇小的身材相比，这耳朵大得不合比例。蝠耳狐生活在北非和撒哈拉沙漠北部，这对巨耳能帮助它在很多方面适应环境。耳朵主要的用途是能够侦听到甚至是最微弱的声响，比如食肉动物的接近，当然也包括猎物活体的所在位置。这些巨大的能搜索声波的耳朵还能听到沙子底下啮齿动物的活动，昆虫的沙沙声和小鸟的啁啾声，而这些动物都是它们美食的一部分，它们用"投机取巧"的手段对各种猎物来者不拒。

在沙漠中求生存

▲蝙耳狐

蝙耳狐通过分布在大耳朵上的许多毛细血管来帮助自身散热，同时也能够用其他方式来适应沙漠的环境。它们的脚底有一层软毛能保护它们免受炙热的沙子和岩石的伤害，它们能够用一种神秘的类似嚎啕的啸叫声来招呼同伴，表达情感或者沟通联络，它们发出的声响也许能够惊吓那些栖息在密林中的鼠类或鸟类。

沙漠巡礼

    沙漠即沙质荒漠，是荒漠中面积最广的一种类型。沙漠的地面覆盖着大片流沙，广布各种沙丘。它既包括移动沙丘，也包括固定、半固定的草原沙地。目前全世界沙漠面积约有3140万平方千米，约占全球陆地总面积的21％。沙漠的类型主要有热带沙漠、亚热带沙漠和温带沙漠几种。

    地球上有许多著名的沙漠，在这一章中我们将详细介绍一些各具特色的沙漠。让我们现在就开始这段奇异的沙漠之旅吧！

沙质荒漠的顶冠——撒哈拉沙漠

撒哈拉沙漠约形成于二百五十万年前，乃世界第二大荒漠，仅次于南极洲，是世界最大的沙质荒漠，其总面积约容得下整个美国本土。它位于非洲北部，气候条件非常恶劣，是地球上最不适合生物生存的地方之一。让我们走进撒哈拉沙漠，在世界上阳光最多的地方一起徜徉。

▲神奇迷人的撒哈拉沙漠风光

撒哈拉沙漠概况

作为世界上最大和自然条件最为严酷的沙漠，它几乎占满非洲北部。撒哈拉沙漠西起大西洋沿岸，北部以阿特拉斯山脉和地中海为界，东部直抵红海，南部到达苏丹和尼日尔河河谷。

撒哈拉沙漠将非洲大陆分割成两部分。这两部分的气候和文化截然不同，撒哈拉沙漠南部边界是半干旱的热带稀树草原，阿拉伯语称为"萨赫勒"，再往南就是雨水充沛、植物繁茂的南部非洲，阿拉伯语称为"苏丹"，意思是黑非洲。

小知识

撒哈拉沙漠横贯非洲大陆北部，东西长达 5600 千米，南北宽约 1600 千米，总面积约 9065000 平方千米，约占非洲总面积的 32%。

撒哈拉沙漠的自然特征

▲撒哈拉沙漠里的绿洲

撒哈拉沙漠不是单一的黄沙千里，也有浅而季节性泛滥的盆地和大绿洲洼地，高地多石，山脉陡峭，除此之外就是满目的沙滩、沙丘和沙海。

在上新世早期（530万～340万年），撒哈拉沙漠就以气候型沙漠形式出现，从那时起，它就一直经历着干、湿情况的变动。有几条源自撒哈拉沙漠外的河流，为沙漠内提供了地表水和地下水，并吸收其水系网放出来的水。尼罗河的主要支流在撒哈拉沙漠汇集，河流沿着沙漠东边缘向北流入地中海；尼日河发源于几内亚的富塔贾隆地区，流经撒哈拉沙漠西南部然后向南流入大海。撒哈拉沙漠的沙丘储有相当数量的雨水，沙漠中的各处陡崖有渗水和泉水出现。

撒哈拉沙漠的土壤有机物含量低，尽管在某些地区有固氮菌，但很少有生物活动。洼地的土壤常含盐，沙漠边缘上的土壤则含有较集中的有机物质。

至于撒哈拉沙漠植被，难得一见，只有在绿洲洼地和干河床四周散布有成片的青草、灌木和树。在含盐洼地发现有耐盐植物，在缺水的平原和撒哈拉沙漠的高原有某些耐热耐旱的青草、草本植物、小灌木和树。

撒哈拉沙漠动物群却不少，在阿尔及利亚的比斯克拉和撒哈拉沙漠的孤立绿洲中生活有残遗热带动物群，眼镜蛇和鳄鱼仍生存在提贝斯提山脉的河流盆地中。撒哈拉沙漠的哺乳动物种类有沙鼠、跳鼠、开普野兔、荒漠刺猬、柏柏里绵羊、镰刀形角大羚羊、多加斯羚羊、达马鹿、努比亚野驴、安努比斯狒狒、斑鬣狗、沙狐、利比亚白颈鼬和细长的獴。撒哈拉沙漠鸟类超过 300 种，包括不迁徙鸟和候鸟。

蛙、蟾蜍和鳄生活在撒哈拉沙漠的湖池中，蜥蜴以及蛇类出没在岩石和沙坑之中，撒哈拉沙漠的湖池中有藻类、咸水虾和其他甲壳动物。

撒哈拉沙漠的形成原因

▲沙漠里的移动沙丘

撒哈拉沙漠是如何形成的呢？主要有以下几个原因。

一、北非位于北回归线两侧，常年受副热带高气压带控制，盛行干热的下沉气流，且非洲大陆南窄北宽，受副热带高气压带控制的范围大，干热面积广。

二、北非与亚洲大陆紧邻，东北信风从东部陆地吹来，不易形成降水，使北非更加干燥。

三、北非海岸线平直，东侧有埃塞俄比亚高原，对湿润气流起阻挡作用，海洋影响不到广大内陆地区。

四、北非西岸有加那利寒流经过，对西部沿海地区起到降温减湿作用，使沙漠逼近西海岸。

五、北非地形单一，地势平坦，起伏不大，此外气候也单一，易形成大面积的沙漠地区。

自然传奇丛书

自然传奇丛书

> ### 小知识
>
> 　　生活在撒哈拉沙漠中的蜗牛是鸟类和动物的重要食物来源。沙漠蜗牛通过夏眠之后存活下来，在由降雨唤醒它们之前，它们会几年保持不活动。

从岩画看气候变迁

　　1850 年，德国探险家巴尔斯来到撒哈拉沙漠进行考察，无意中发现岩壁上刻有鸵鸟、水牛及各式各样的人物像。1933 年，法国骑兵队来到撒哈拉沙漠，偶然在沙漠中部塔西利台、恩阿哲尔高原上发现了长达数千米的壁画群，全绘在受水侵蚀而形成的岩壁上，五颜六色，色彩雅致、谐调，刻画出了远古人类生活的情景。

▲撒哈拉沙漠岩画

　　壁画群中动物形象颇多，千姿百态，各具特色。动物形象栩栩如生，创作技艺非常卓越，可以与同时代的任何国家杰出的壁画艺术作品相媲美。从这些动物图像可以相当可靠地推想出古代撒哈拉地区的自然面貌。

　　人们不仅对这些壁画的绘制年代难以稽考，而且对壁画中那些奇怪形状的形象也一无所知，成为人类文明史上的一个谜。

　　依据撒哈拉沙漠里的岩画内容，我们可将撒哈拉沙漠的历史划分为以下几个时期。

　　一、史前时期。史前时期在始新世的前后，撒哈拉当时并不是很干燥，而是广阔的河流冲积平原，该阶段人类还没有出现，当时也没有岩画

图像，因此取名史前。

二、水牛时期。水牛时期约从 3.5 万年前至公元前 8000 年左右，其岩画主要出现在阿尔及利亚东南部、乍得和利比亚。它们使用目前已在当地绝迹的动物奶汁混合颜料画在岩石上，这些动物包括水牛、象、河马和犀牛等。画中人物经常戴着圆形盔帽，使用棍棒、斧头、弓箭等工具，并投掷棍棒击打猎物。

▲撒哈拉沙漠岩画中的马

三、黄牛时期。黄牛时期约从公元前 7500 年至公元前 4000 年左右，岩画显示当地居民开始进行游牧生活。曾经发现陶器和新石器时代经过打磨加工的石斧、石磨、箭头及一些打猎用的弓箭。放牧的动物是从亚洲

▲岩画中的牛群

引进的，后期发现一些聚集较多人和牲畜的村落遗迹。

四、马时期。马时期约从公元前 3000 年到公元前 700 年左右，有迹象显示，当地已引进了马、骆驼和奶牛，并从事大规模农业开发，该时期腓尼基人在当地建立了横跨整个撒哈拉到埃及的大帝国联盟。从公元前 2500 年开始，撒哈拉已经变成和目前状态一样的大沙漠，成为当时人类无法逾越的天然屏障，仅仅在绿洲有一些居民，人们很少能穿越沙漠。

撒哈拉沙漠历史上最大的变化来源于入侵的阿拉伯人带来的骆驼，它们使贸易往来可以穿越沙漠，北方地中海沿岸的酋长们将马匹和工艺品运到南方，南方的萨赫尔王国由于出口黄金和盐而变得富裕强大。沙漠中的绿洲成为商业中心，并逐渐被北方的酋长们控制起来。这种状态持续了几

个世纪，直到欧洲人发明了大帆船。首先是葡萄牙人绕过撒哈拉去掠取几内亚的资源，然后其他欧洲国家也紧跟其后，撒哈拉很快就失去了商业价值。

万花筒

撒哈拉沙漠的一些壁画上刻有当地居民划着独木舟捕猎河马的图景，这说明撒哈拉曾有过水流不绝的江河。

古老沧桑的神话——纳米比沙漠

纳米比沙漠是世界上唯一有大象生存的沙漠，同时，它也是世界上年龄最大的沙漠，许多动植物只有在这里才能见到。许多年来，地质学家来此研究，但直到今天，人们对这片沙漠还知之甚少。现在就让我们一起了解纳米比沙漠的神秘吧。

▲纳米比沙漠

自然传奇丛书

纳米比沙漠概况

纳米比沙漠也叫纳米布沙漠，位于非洲西南部大西洋沿岸干燥区，是世界上最古老、最干燥的沙漠之一。纳米比沙漠北起安哥拉和纳米比亚的边界，南到奥兰治河，沿非洲西南大西洋海岸延伸2100千米，该沙漠最宽处达160千米，而最狭处只有10千米。它虽没有撒哈拉沙漠那样广阔，却同样壮观。这里有世界上最高的沙丘，一些沙丘高达300米。纳米比沙漠附近的海域常有南风，大雾加上强烈的洋流，会导致船只迷路，因此其北面的海滨有许多船的残骸，被称为"骷髅滩"。

纳米比沙漠的名字源自纳马语，意为"一无所有的地方"。纳米比沙漠非常干燥，除了几个城镇外，几乎杳无人烟，但是它却非常重要，因为有好几条商路穿过这里，且地下富含矿藏。

纳米比沙漠被凯塞布干河分成两个部分。南面是一片浩瀚的沙海，内有新月形、笔直状以及星形的沙丘，沙丘底下有历经上百万年形成的砾石层，有世界上最大的金刚石矿床。

纳米比沙漠的气候极度干燥，沿岸的年降雨量不到 25 毫米，全年往往无雨。这里的湿度来自夜间所形成的露水以及每隔 10 天左右夜间吹入的雾霭，它们有时能深入内陆达 50 千米。

▲纳米比沙漠的大象

自然传奇丛书

你知道吗?

纳米比沙漠绝大部分地表没有土壤，其地层表面为基岩，其他地方则覆盖着流沙。纳米比沙漠的可耕地块仅局限于洪泛区和主要河流的两岸，并且还时常要受洪水泛滥的威胁。

沙漠里的动植物

纳米比沙漠分成三个连续的南北向地带：沿着大西洋的是非常狭窄的沿海地区，该地区受海洋气候的影响非常明显；外纳米比地区占据沙漠西半部余下的地方；内纳米比地区构成东面部分。它们之间的分界线构成宽广的过渡地带。

纳米比沙漠中的动植物都已适应了这严酷、干旱的环境，有的甚至已学会从雾霭中吸取水分。

纳米比沙漠可分为六个植被区。一、海岸区。海岸区多肉质植物，它

们能吸收雾霭中的水分。二、外纳米比。外纳米比几乎完全荒芜。三、内纳米比的干草原。内纳米比的干草原多年荒芜，但在湿润时能长出短草，通常是一年生或多年生植物。四、内纳米比的沙丘。内纳米比的沙丘出人意料地生长着繁茂的灌木丛植物群和高高的青草。五、较大的河道。河道沿岸长着大树，尤其是金合欢类树。六、南部冬季降雨区。这里有肉质植物丛。

▲纳米比沙漠里的大树

在凯塞布干河以北的砾石平原上，长有一种特殊的植物，它是本地特有物种，名叫"百岁兰"，最长能存活 2000 年，可长到 4 米高，但露出地面的部分矮小，只有两片皮革般的带状叶子，所需的水分是从叶子吸入的。

▲纳米比沙漠里嬉闹的斑马

内纳米比的平原和沙丘哺育了大量的各个种类的羚羊，尤其是东非大羚羊和跳羚，此外还有鸵鸟和斑马等。北纳米比有象、犀、狮子、鬣狗和胡狼，沿着从内陆高地流向大西洋的河滨，这些动物特别多。外纳米比的沙丘为各类的昆虫和爬虫类提供了住处，其中特别多的是甲虫、壁虎和蛇，但就是没有哺乳动物。海岸地区到处都是海鸟以及少量的胡狼，也包括一些啮齿类动物和海豹。

自然传奇丛书

死亡地域的花园——澳大利亚沙漠

▲美丽的澳大利亚沙漠

形容沙漠的词汇往往是"广袤""空寂"等，说它迷人，也许你会觉得不大可能，不过下面要介绍的澳大利亚沙漠，确实有着独特的美，了解它之后，定将重构你对沙漠的认识。

澳大利亚沙漠概况

▲澳大利亚沙漠里生存的植物

澳大利亚沙漠位于澳大利亚的西南部，面积约 155 万平方千米。这里雨水稀少，干旱异常，夏季的最高温度可达 50℃。因为没有高大树木的阻挡，狂风终日从这片沙漠上空咆哮而过，风是这里唯一的声音。许多人以为这里是一片死亡之域，但在 1973 年，澳大利亚一位名叫夫兰纳里的植物学家在骑摩托车旅行时发现，这片沙漠中竟有大约 3600 多种植物繁荣共生。如果按单位面积计算，物种多样性要远远超过南美洲的热带雨林，因此，发现者称这里为沙漠花园。生长在这里的植物对水和养料的需求少得可怜，几乎是别处植物的十分之一。同时，这里所有植物的叶子都不是绿色的，而是有着各种鲜艳的颜色。更奇特的是，这些花朵都能分泌

超乎想象的大量花蜜。

夫兰纳里对这些植物进行了 30 年深入研究，才发现其中的奥秘：这里的土壤成分主要是没有养分的石英，只有对水分和营养需求极少的植物才能生存。昆虫和鸟类在这里非常稀少，几乎没有潜在的授粉者，植物的生存繁衍主要靠传播花粉。在

▲沙漠里的绿洲

这种条件下，植物必须开出最大最艳丽的花朵，分泌最多的花蜜，才能吸引极少潜在的授粉者的注意。

澳大利亚沙漠形成原因

澳大利亚是世界上唯一占有一个大陆的国家，虽四面环海，但气候非常干燥，荒漠、半荒漠面积达 340 万平方千米，约占总面积的 44%，成为各大洲中干旱面积比例最大的一个洲。其主要原因是：

一、南回归线横贯大陆中部，大部分地区终年受到副热带高气压控制，因气流下沉不易降水。

二、澳大利亚大陆轮廓比较完整，无大的海湾深入内陆，而且大陆又是东西宽、南北窄，扩大了回归高压带控制的面积。

三、地形上高大的山地大分水岭紧靠东部太平洋沿岸，缩小了东南信风和东澳大利亚暖流的影响范围，使多雨区局限于东部太平洋沿岸，而广大内陆和西部地区降水稀少。

四、广大的中部和西部地区地势平坦，不起抬升作用。西部印度洋沿岸盛吹离陆风，沿岸又有西澳大利亚寒流经过，有降温减湿作用。所以澳大利亚沙漠面积特别广大，而且直达西海岸。

广角镜

"沙漠知识经济"战略

澳大利亚（又叫澳洲）是全球最干旱的大陆，从 20 世纪 90 年代开始，澳大利亚北方地区政府推出了"沙漠知识经济"战略，使地区经济取得了蓬勃发展，国民生产总值翻了一番。所谓"沙漠知识经济"，就是在沙漠地区及其周围运用传统或现代治理沙漠的知识取得社会和经济效益。治沙治荒、保护环境是推广沙漠知识经济的中心环节。

澳大利亚沙漠中的特色景点

▲澳大利亚艾尔斯巨岩

在美丽的澳大利亚沙漠中镶嵌着一颗耀眼的珍珠，它就是艾尔斯岩。澳大利亚艾尔斯巨岩，又名乌卢鲁巨石，位于澳大利亚中北部的艾丽斯斯普林斯西南方向约 340 千米处。艾尔斯岩高 348 米，长 3000 米，基围周长约 8.5 千米，东高宽而西低狭，是世界最大的整体岩石。

它气势雄峻，犹如一座超越时空的自然纪念碑，突兀于茫茫荒原之上，在耀眼的阳光下散发出迷人的光辉。艾尔斯巨石俗称为"人类地球上的肚脐"，号称"世界七大奇景"之一，距今已有 4 亿～6 亿年历史。如今这里已被辟为国家公园，每年有数十万人从世界各地纷纷慕名前来一睹巨石风采。

巨石最神奇之处是会变色，凌晨 5 时，熹微的晨光穿过远处的天际，安静的沙漠是那么神秘，阳光慢慢从东方抛来明亮的光线，沙漠仿佛苏醒过来了，巨石的赭红渐渐变成殷红、嫣红，直至金黄，叫人目眩神迷。黄昏之时，骑着骆驼眺望落日余晖中的巨石成为许多游客趋之若鹜的旅游项

目。而当沙漠下起大雨时，据说巨石会变成黑色，向人们诉说着它的神秘和威严。

关于艾尔斯岩变色的缘由众说纷纭，而地质学家认为，这与它的成分有关。艾尔斯岩实际上是岩性坚硬、结构致密的石英砂岩，岩石表面的氧化物在阳光的不同角度照射下，就会不断地改变颜色。因此，艾尔斯岩被称为"五彩独石山"而平添了无限的神奇。雨中的艾尔斯岩气象万千，飞沙走石、暴雨狂飙的景象甚为壮观。待到风过雨停，石上又瀑布奔流、水汽迷蒙，又好似一位披着银色面纱的少女。向阳一面的几道若隐若现的彩虹有如头上的光环，显得温柔多姿。雨水在岩隙里形成了许多水坑，而流到地上的雨水，浇灌周围的蓝灰檀香

▲空中俯瞰艾尔斯岩

▲雨后的艾尔斯岩

木、红桉树、金合欢丛以及沙漠橡树、沙丘草等植物，使艾尔斯岩凸显勃勃生机。

自然传奇丛书

荒凉神秘的世界——阿拉伯沙漠

▲阿拉伯沙漠

从空中看，阿拉伯沙漠像是一片广漠的淡沙色地带，偶有一道朦胧的悬崖或山脉、黑色的岩浆流或延伸到天际的微红沙丘体系。植被初看似乎并不存在，但却可看到地表的一层细微的茸毛，或力求生存的片片绿色灌木。阿拉伯沙漠似乎总有和风吹拂，其实，风随季节的变化会变成暴风。日月在晴空中是明朗的，不过沙尘和湿气却使能见度降低。这就是阿拉伯沙漠，世界上最神秘的沙漠！

阿拉伯沙漠简介

阿拉伯沙漠地处北非撒哈拉沙漠的东部，位于埃及东部尼罗河谷地、苏伊士运河、红海之间，又称东部沙漠。阿拉伯沙漠中部有马阿扎高原，东侧有沙伊卜巴纳特山、锡巴伊山、乌姆纳卡特山等孤山，南部与苏丹的努比亚沙漠相连。阿拉伯沙漠的大部分为海拔 300～1000 米的砾漠以及裸露的岩丘。阿拉伯沙漠受东西走向的间歇河流塔尔法河、胡代因河及支流和南北走向的季节河基纳河切割。

　　沙漠大部分位于沙特阿拉伯，但有一部分延伸至约旦、伊拉克、科威特、卡塔尔、阿拉伯联合酋长国、阿曼和也门。作为阿拉伯半岛的大沙漠，阿拉伯沙漠面积达 233 万平方千米，为世界第二大沙漠。阿拉伯沙漠平均气温在 20℃ 以上，最热月的 7 月平均气温超过 30℃，最冷月的 1 月平均气温也高于 10℃。

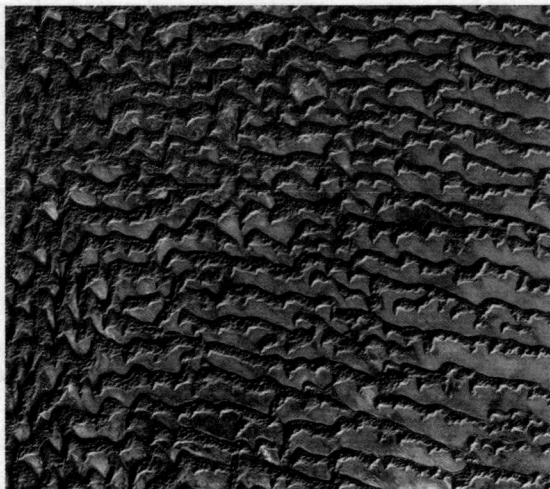

▲奇妙的阿拉伯沙漠景观

自然传奇丛书

阿拉伯沙漠的自然特征

　　阿拉伯半岛西北至东南的最大长度约为 2600 千米，而从东向西的最大宽度约为 2092 千米。从红海岸边的拉比格到波斯湾的麦纳玛约 1127 千米，为半岛最狭处。

　　阿拉伯半岛西部较高，地势由西南向东北倾斜，呈阶梯状。阿拉伯半岛是古老平坦台地式高原，三面是深沟切割的陡峭山脉，直至波斯湾沿岸的东部低地。半岛内的平原和部分高原被沙砾覆盖，沙漠占全部面积的 1/3。

　　阿拉伯沙漠的多数河流不是干涸就是不连贯，只是在雨大时才有水

流。只有美索不达米亚的底格里斯河和幼发拉底河与哈德拉毛南部的哈杰尔河这几处河流终年有水奔流不息。

阿拉伯沙漠的沙盖以不同尺寸和复杂性的沙丘形式出现，除了极少数例外，沙子并不汇聚成平面，而是形成沙丘山岭或巨大的复合体。阿拉伯沙漠的沙丘样式不计其数，许多形式还没有用文字表述过。

▲阿拉伯沙漠的晨曦

沙漠里的风主要从地中海吹来，次第刮到东部、东南、南方和西南，画出一个巨大的弧。多风的季节出现在12月至1月和5月至6月，此时称为热尘风的时期持续30～50天，风速平均48千米/小时。在春季或秋季突然出现在天际的"褐色卷云"令人畏惧，它是宽达上百千米的锋面风暴，能将沙子、尘土和岩屑都卷入高空，随后气温急剧下降并带来雨水，在热天时会产生无数尘卷。

阿拉伯沙漠丰富的资源

石油是阿拉伯沙漠的财富之源。阿拉伯半岛及附近的海湾中蕴藏着大量的石油和天然气，其石油产量约占世界的1/4以上，储量占世界的一半以上，岛上许多国家都以此为经济支柱。其中沙特阿拉伯是世界上生产石

油最多的国家，石油工业的产值占国民经济总产值的 80% 以上，被称为"石油王国"。

阿拉伯沙漠的石油资源十分丰富，但水资源却非常紧缺。中东地区雨量很少，离地中海 215 千米的开罗年平均降水量仅为 28 毫米。好在天无绝人之路，人们在地下深层处发现了大量的地下水，这些珍贵的水资源形成于更新世冰河时代。有专家估计，其地下水总储量为 36 万亿立方米，按目前用水量计算，地表以下 20 米深的水源可使用 320 年左右。

万花筒

更新世，古地理学名词，是第四纪的第一个世，距今约 260 万年至 1 万年。更新世冰川作用活跃。

阿拉伯沙漠为何有丰富的石油？

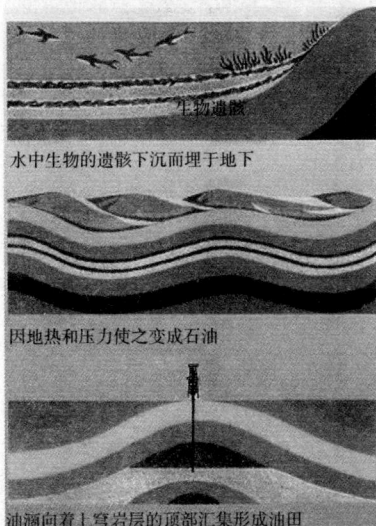

水中生物的遗骸下沉而埋于地下

因地热和压力使之变成石油

油滴向着上穹岩层的顶部汇集形成油田

▲ 石油形成示意图

阿拉伯沙漠地区有非常丰富的石油，这与海底有极其丰富的有机沉积物和地壳运动有关。

浅海里生活着许多鱼虾蟹贝，还有不计其数的浮游生物，以及江河带来的大量泥沙。生物死亡后，尸体和泥沙一起沉积在海底，形成"有机淤泥"。如果地层不断沉降，有机淤泥越埋越深，最后与空气隔绝，加上地层深处的温度、压力的作用，厌氧细菌便把有机质转变成石油和天然气。不过，这还只是一些分散的油滴。由于地层的压力，分散的油滴被挤到四周多孔隙的地层中，然后，地下水浮托着油滴向上穹岩层的顶部汇集。这上穹岩层就像一个倒扣的大脸盆，把汇集的油气保存起来，于是就形成了石油和

天然气的大仓库，地质学上叫"储油构造"。

可见，生成石油要有丰富的有机沉积物，要有稳定的沉积盆地，还要有良好的生油、储油、圈闭、保存油气的条件，缺一不可。

阿拉伯半岛的波斯湾一带原来是特提斯海，海中生物繁茂，积聚着大量的有机沉积物。后来，由于地壳运动，阿拉伯板块向北与亚欧板块碰撞，特提斯海逐渐消失，但保留下来一块沉积地，那就是现在的波斯湾。波斯湾的大陆架浅海有稳定的沉积环境，生油、储油、圈闭、保存的条件极其理想，可以说是得天独厚，是其他海区望尘莫及的。所以波斯湾油气资源在世界上首屈一指。

阿拉伯沙漠中生存的动植物

自然传奇丛书

阿拉伯沙漠植物种类繁多，主要是旱生的或盐生的。春雨之后，长期埋藏的种子在几个小时内发芽并开花。通常荒芜的沙砾平原此时变绿了，即使燧石平原也会在深冬初春为骆驼和绵羊长出牧草。这些平原曾是驰名的

▲阿拉伯沙漠中的植被

阿拉伯马的故乡，然而牧草总是过于短缺，难以供养大量马匹。当然，所有的牧区均因过度放牧而导致如今广泛的荒芜地带的形成。

生长在盐沼的盐生植物包括许多肉质植物和纤维植物，可供骆驼食用。在沙质地区生长的莎草是一种根深的强韧植物，有助于保持土壤。在绿洲边缘往往可以看到柽柳树，其有助于防止沙子侵入。稀有灌木拉克，以"牙刷灌木"闻名于世，其枝条被阿拉伯人用于刷牙。许多香草在整个沙漠到处生长，为贝都因人所熟知，他们将这些草用于食品调味和防腐、熏衣和洗发。能产生馥郁的乳香和没药的灌木可见于阿曼佐法尔地区的较

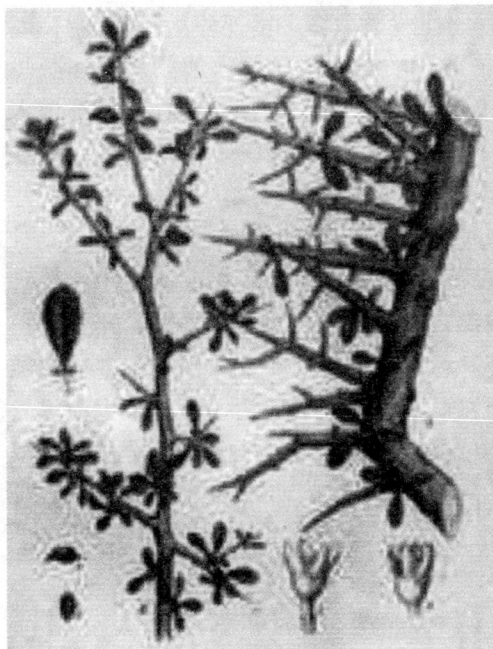

低海拔地带。东鲁卜哈利沙漠一般被认为干燥不毛，但在巨大沙丘的侧翼却养育着许多植物，包括一种叫作纳西的甜草，它为稀有的大羚羊提供着主要草料。

许多绿洲种植海枣，海枣不仅能为人和家畜提供食物，而且周身是宝。树干可制作井架和古式辕杆的材料；树叶可用于制作手工艺品和苫盖房顶。绿洲还出产许多水果和蔬菜，如水稻、苜蓿、散沫花、柑橘、甜瓜、洋葱、番茄、大麦、小麦，在海拔较高的地区还产桃、葡萄和仙人果。

▲没药植物

阿拉伯沙漠中的动物多样而独特。沙漠昆虫包括苍蝇、疟蚊、蚤、虱子、蜱、蟑螂、蚂蚁、白蚁、甲虫和能把自己伪装成树叶、树枝或卵石的螳螂（食肉昆虫）。还有清除粪便的蜣螂，无数的蝶、蛾和毛虫，而曾经破坏自然环境的飞蝗现在已得到控制。

蛛形动物包括大食蝎虫、蝎和蜘蛛。蝎可以生长到20厘米，有黑、绿、黄、红和灰白等颜色，蝎的毒刺可使幼儿致命。

▲工作中的蜣螂

自然传奇丛书

沙漠绿洲水塘中有小鱼，也有一些两栖动物，诸如蝾螈、蟾蜍和蛙。爬虫类包括蜥蜴、蛇和龟。一种生活在平原上尾巴肥大的蜥蜴，体长可达1米。这是一种草食动物，颌上没有牙齿，其尾巴烤熟后是贝都因人的佳肴。许多蜥蜴，包括石龙子、壁虎、鬣蜥和有颌蜥蜴，都可以在沙漠中找到。

阿拉伯沙漠的鸟类包括当地物种以及来自北欧、非洲和印度的候鸟种群，条纹云雀、沙松鸡、阿拉伯走鸻和小鸨终年生活在沙漠之中，数种隼、雕和秃鹫也同样终年生活在沙漠之中。游隼可见于阿西尔，猎隼和南非隼可见于内志和沙特阿拉伯东部，而茶隼则无所不在。阿拉伯沙漠的雕已知有3个雕种——白尾雕、金雕和褐雕。一种翼展达4米的最大的黑鹫几乎已经消失。一种体态中等、毛色黑白兼黄的埃及秃鹫广泛分布。成双成群的渡鸦可能出现在任何地方。髯鹫生活在阿西尔和叶门，还有数种鸦，较常见的是一种穴居鸦。

万 花 筒

贝都因人

贝都因人也称贝督因人，是以民族部落为基本单位在沙漠旷野过游牧生活的阿拉伯人。贝都因人主要分布在西亚和北非广阔的沙漠和荒原地带，属欧罗巴人种地中海类型。"贝都因"为阿拉伯语译音，意为"荒原上的游牧民""逐水草而居的人"，是阿拉伯民族的一部分。各地贝都因人均使用当地的阿拉伯语方言及阿拉伯文。

小 知 识

没药

没药，阿拉伯语 murr 或波斯语 mor 的汉译，是古代西方制作香料和药膏的最重要的原料。没药来自一种会渗出芬芳树脂的灌木或乔木，以波斯、阿拉伯及非洲东北地区最为著名，它味芳烈而苦。

羚羊在第二次世界大战之前成群结队地在平原上徜徉，人类无节制的杀戮使得它几乎灭绝，直到沙乌地政府开始管制狩猎并建立野生动物保护区后，情况才有所好转。消失的大羚羊在人工圈养繁殖后被重新引进，一种栖息在悬崖之上的野山羊——高地山羊在数量锐减后开始逐渐恢复。

▲阿拉伯羚羊

知 识 库

在阿拉伯沙漠生存的蛇类中，沙眼镜蛇很纤细，呈沙色，有毒。夜间活动的蝰蛇在沙和岩石之中很多。

小 知 识

猎隼是一种攻击型的淡褐隼，常被贝都因鹰猎者从小捕来训练，以猎取鸨和沙松鸡。

黑沙大漠的生机——卡拉库姆沙漠

夕阳像一轮巨大的烧红了的铁饼，慢慢地沉入中亚最大的沙漠——卡拉库姆沙漠那沙浪如潮的地平线。万顷沙丘顿时轮廓分明，曲线清晰，整个沙漠像是一幅黑白对比强烈的版画，素雅、宁静、深远。天地空旷，万籁俱寂，美丽的卡拉库姆沙漠使人沉醉。

▲卡拉库姆沙漠

卡拉库姆沙漠概述

卡拉库姆沙漠是中亚地区的大沙漠，突厥语意为"黑沙漠"，位于里海东岸的土库曼斯坦境内，阿姆河以西。卡拉库姆沙漠东西长 880 千米，南北宽 450 千米，面积 35 万平方千米。沙漠中沙丘广布，龟裂地和盐沼地等也时有分布。卡拉库姆沙漠气温日差达 50℃，年降水量不足 200 毫米，蒸发量为降水量的 3～6 倍。卡拉库姆沙漠河流、湖泊稀少，沿阿姆河、捷詹河、穆尔加布河等有绿洲，大部地区可供放牧，南部建有卡拉库姆运河。

由于卡拉库姆沙漠地处大陆内部，是受大陆气团控制形成的。据考察，卡拉库姆沙漠的沙子是由当地的黑色岩层经长年风化而成的。

自然特征

卡拉库姆沙漠由 3 个部分组成：北部隆起的外温古兹卡拉库姆、低洼的中卡拉库姆，以及东南卡拉库姆。在外温古兹卡拉库姆和中卡拉库姆交界之处，有一系列含盐的、孤立的、由风形成的温古兹凹地。

卡拉库姆地形鲜明，反映了它的起源和地质发展。外温古兹卡拉库姆的表面受到暴风侵蚀，中卡拉库姆平原从阿姆河延伸到里海，呈与河流走向同一的斜面；由风聚集起来的沙垄依年龄和风速而异，高度在 75～90 米之间。卡拉库姆沙漠略少于 10％的地区由新月形沙丘组成，沙丘间有许多凹地，为厚达约 10 米的沉积黏土层所覆盖，在降水时有汇水于盆地的作用。在这些盆地中收集的水使得种植甜瓜和葡萄一类的水果成为可能。

▲沙漠中新月形沙丘

▲卡拉库姆沙漠上的运河

卡拉库姆沙漠的气候是大陆性的，夏季漫长而炎热，冬季天气多变，但相对温暖。卡拉库姆沙漠北部和里海沿岸 7 月平均气温为 26℃～28℃，中部为 30℃～34℃。卡拉库姆沙漠气温起伏巨大，可在 24 小时之内从－20℃上升到 10℃。卡拉库姆沙漠地区降水主要出现在冬季和早春，一半以上出现在 12 月至来年 4 月之间。该沙漠几乎无雪，盛行的是和煦的东北风和西北风。

卡拉库姆沙漠中的植被十分多样，主要由草、小灌木、灌木和树木组成，这些植被在冬季可用做骆驼、绵羊和山羊的食物。卡拉库姆沙漠动物数量不多，但种类众多，昆虫有蚁、白蚁、蝉、甲虫、拟步甲、螳螂和蜘蛛，还有各种两栖动物蜥蜴、蛇和龟，啮齿类动物中有囊鼠和跳鼠。

广 角 镜

　　有的学者指出，很多沙漠的尘埃最初是人类造成的，后来沙漠又加剧了它的密度。于是有人提出：人类才是破坏生态环境、制造沙漠的真正凶手！正如 200 年前法国哲学家夏托·布赖恩的预言一样，"野蛮时期是森林、草原，到了文明时期却成了沙漠"。

卡拉库姆大运河

　　卡拉库姆运河是世界最大的灌溉及通航运河之一，总长 1400 千米，位于土库曼斯坦南部。运河起源于阿富汗边境的山区，它引自阿姆河上游的水，向西穿过卡拉库姆沙漠的南部，最后沿着靠近伊朗的科佩特山脉的北坡，通过土库曼斯坦的干旱的产棉区，流入里海。

▲美丽的卡拉库姆运河

　　古代最长的运河在中国，现代最长的运河在土库曼斯坦。但卡拉库姆运河并不知名，默默地开凿了 30 多年也未标明在地图上，这同它地方偏僻有关。反之，世界上最出名的运河，如巴拿马运河、苏伊士运河、基尔运河等，都是沟通海洋的国际运河，故声名显赫。

为什么要费力开凿运河？

　　"左右逢源"是运河的最大特色。不同的河流、水系和海洋，通过人工开挖水道而连通，航道系列成网，船舶左通右达，缩短了成千上万千米路程。运河一次性投资比铁路、公路大得多，但投资效益可维持千百年，平时的修护费用也比陆路省很多。发达国家都将运河建设列入国土开发总体规划，逐步将国境内的河系串连起来，组成四通八达的水运网，收航运、灌溉、分洪、发电、渔业综合之利。

　　自然传奇丛书

生命禁区的"绿"动——塔克拉玛干沙漠

中国是沙漠比较多的国家之一，沙漠的总面积约 130 万平方千米，约占全国土地面积的 13％左右。全国比较大的沙漠有 12 处，大部深居中国内陆。在乌鞘岭、贺兰山以西，沙漠戈壁分布较为集中，占全国沙漠戈壁总面积的 90％。其中塔克拉玛干沙漠是我国最大的沙漠，也是世界各大沙漠中

▲塔克拉玛干沙漠

最神秘、最具有诱惑力的一个，现在让我们一起走近它、了解它。

塔克拉玛干沙漠概况

塔克拉玛干沙漠位于中国新疆的塔里木盆地中央，是中国最大的沙漠，同时也是世界第二大流动性沙漠。维吾尔语中，"塔克"是山的意思，"拉玛干"准确的翻译应该是"大荒漠"，引申有广阔的含义，因此"塔克拉玛干"就是"山下面的大荒漠"的意思。整个沙漠东西长约 1000 千米，南北宽约 400 千米，面积达 33 万平方

▲塔克拉玛干沙漠的晨曦

自然传奇丛书

千米。平均年降水不超过 100 毫米，降水最少的年份只有 4～5 毫米，而年平均蒸发量却高达 2500～3400 毫米。这里，金字塔形的沙丘屹立于平原，有的高达 300 米，狂风能将沙墙吹起，高度可达其 3 倍。沙漠里沙丘绵延，受风的影响，沙丘时常移动。

由于地处欧亚大陆的中心，四面被高山环绕，塔克拉玛干沙漠充满了奇幻和神秘的色彩。变幻多样的沙漠形态、丰富的抗盐碱风沙的沙生植物植被、蒸发量高于降水量的干旱气候，以及尚存于沙漠中的湖泊、穿越沙海的绿洲、潜入沙漠的河流、生存于沙漠中的野生动物和飞禽昆虫等，特别是被深埋于沙海中的丝路遗址、远古村落、地下石油及多种金属矿藏都被笼罩在神奇的迷雾之中，有待于人们去探寻。

小知识

塔克拉玛干沙漠腹地被评为中国五个最美的沙漠之一。

塔克拉玛干沙漠的自然特征

塔克拉玛干沙漠的侧翼为雄伟的山脉：北面是天山，南面是昆仑山，西面是帕米尔高原，东面逐渐过渡，直到罗布泊。南面与西面沙漠和山脉之间是由卵石碎屑沉积物构成的一片坡形沙漠低地。

塔克拉玛干沙漠的气候温暖适度，是典型大陆性气候，年最高气温为 39℃。年降水量极低，从西部的 38 毫米到东部的 10 毫米不等。塔克拉玛干沙漠流动沙丘的面积很大，沙丘高度一般在 100～200 米，最高达 300 米左右。沙丘类型复杂多样，复合型沙山和沙垄宛若憩息在大地上的条条巨龙，塔形沙丘群呈各种蜂窝状、羽毛状、鱼鳞状，变幻莫测。

西部地区夏季盛行北风和西北风，这两种气流在位于克里雅河最北端的沙漠中心附近相会后，造成复杂的环流系统，这一点形象地反映在沙丘的形状上。此外，塔克拉玛干沙漠的沙尘频繁，当春季地表沙变暖时，上升气流发展，东北风特别强烈。在此期间，强飓风尘暴常常发生，使大气充满沙尘。从其他方向来的风也将尘雾扬入空中，尘雾几乎终年笼罩着塔

克拉玛干沙漠。

万花筒

白天，塔克拉玛干赤日炎炎，银沙刺眼，沙面温度有时高达 70℃～80℃，旺盛的蒸发，使地表景物飘忽不定，沙漠旅人常会看到远方出现虚幻而飘忽不定的海市蜃楼。

塔克拉玛干沙漠中的动植物

塔克拉玛干沙漠植被极其稀少，几乎整个地区都缺乏植物覆盖。在沙丘间的凹地中，地下水离地表较浅，还可见稀疏的柽柳、灌木丛和芦苇等。然而，厚厚的流沙层阻碍了这种植被的扩散。植被在沙漠边缘——沙丘与河谷及三角洲相会的地区、地下

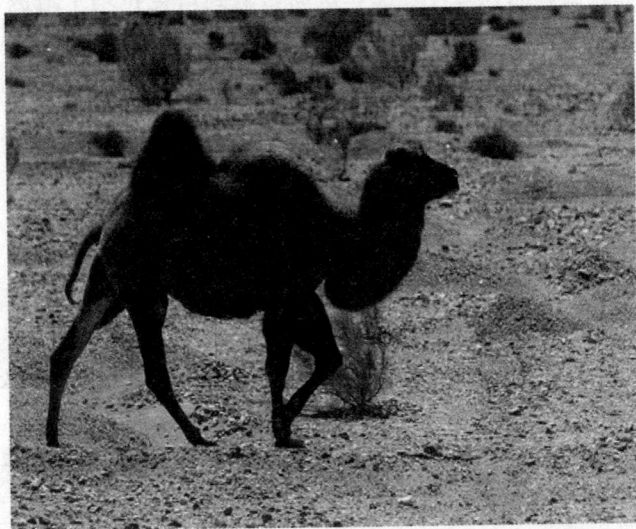

▲野骆驼

水相对接近地表的地区较为丰富。在这些地方，除了上述植物外，尚可见一些河谷特有的品种：胡杨、胡颓子、骆驼刺、蒺藜及猪毛菜，冈上沙丘常围绕灌木丛形成。

塔克拉玛干沙漠的动物也极为稀少，只有在沙漠边缘地区，在有水草的河谷及三角洲地方，动物才较为多样。在开阔地带可见成群的羚羊，在河谷灌木丛中有野猪，食肉动物有狼和狐狸。直到 20 世纪初，还可见到

虎，但目前虎已灭绝了。稀有动物包括栖息在塔里木河谷的西伯利亚鹿与野骆驼，后者在 19 世纪末尚能在塔克拉玛干沙漠的许多地域见到，但现在只偶然出现于沙漠东部地区。

塔克拉玛干沙漠成因

塔克拉玛干沙漠形成于 530 万年前的上新世初期。对于塔克拉玛干沙漠的出现，科学家提出了两种可能的解释：其一，距今 500 多万年前，由于地质构造运动，地中海与大西洋连接的通道锁闭，地中海变为一个巨型蒸发盐湖，相当于全大洋 6％的盐分在这里沉淀形成巨厚的蒸发岩层，这必然会影响到海洋环流，进而影响到塔克拉玛干地区的气候。其二，青藏高原的隆升过程极其复杂，不仅表现为高原隆升由南向北逐渐发展起来，而且即便是同一地点也存在多期次构造隆升，其不同时期的隆升高度必定会对大气环流有不同程度的影响。

知 识 库　　**塔克拉玛干沙漠传说**

传说很久以前，人们渴望能引来天山和昆仑山上的雪水来浇灌干旱的塔里木盆地。一位慈善的神仙有两件宝贝，一件是金斧子，一件是金钥匙。神仙被百姓的真诚所感动，把金斧子交给了哈萨克族人，用来劈开阿尔泰山，引来清澈的雪水。神仙想把金钥匙交给维吾尔族人，让他们打开塔里木盆地的宝库，不幸金钥匙被神仙的小女儿玛格萨丢失了，从此盆地中央就成了塔克拉玛干沙漠。

塔克拉玛干沙漠景观

苍茫天穹下的塔克拉玛干无边无际，它能于缥缈间产生一种震慑人心的奇异力量，令面对此景的每一个人都感慨人生得失的微不足道。让我们领略一下塔克拉玛干沙漠的这些迷人景观。

一、深秋璀璨如幻的胡杨。

如果对全国各地的胡杨作比较，无论胡杨之美还是胡杨之刚毅，新疆的

自然传奇丛书

胡杨都冠绝天下。新疆胡杨号称"生而一千年不死，死而一千年不倒，倒而一千年不腐"。在轮台的塔里木河附近的沙漠地区，胡杨林的气势、规模均为全国之首，轮台的胡杨林公园也是国内独一无二的沙生植物胡杨树林的观赏公园。当秋色降临，步入胡杨林，四周被灿烂的金黄色所包围，洼地水塘中，蓝天白云下，胡杨的倒影如梦如幻。由轮台往南100千米的沙漠腹地，为大面积原始胡杨林，不少古老的胡杨树直径达1米以上。

▲深秋璀璨如幻的胡杨

和田河的胡杨树皆为次生林，大部分树形呈塔状，这里成片的胡杨枝叶茂盛，秋天时通体金黄剔透，以壮丽、幽美著称。在塔克拉玛干南部的沙漠中，经常可看到盆景般的胡杨景色，那里的胡杨静静地伫立于沙丘，给人一种触动灵魂的震撼。

▲干枯的胡杨

胡杨的美离不开它自身的沧桑，其树干通常是龟裂和扭曲的，貌似枯树的树身上常常不规则地顽强伸展出璀璨金黄的生命，让大漠恶劣环境中的死亡与求生得到淋漓尽致的表现。

二、沙漠中深藏的辉煌文化。

塔克拉玛干有着辉煌的历史文化，古丝绸之路途经塔克拉玛干的整个南端。许多考古资料说明，沙漠腹地掩埋着诸多古代的璀璨文明。

▲尼雅遗址

在尼雅河、克里雅河和安迪尔流域，西域三十六国之一的精绝国、弥国的古城遗址鲜为人知，在和田河畔的红白山上，唐朝修建的古戍堡雄姿犹存。聪明的旅行者都会关注旅途中的人文历史，他们会去了解古丝绸之路文化，了解与之密切相关的西域古国历史，以及千百年来的尘世变迁——为什么一系列的故国遗址今天消逝于人类的视野中，沉默于没有生命的大漠中？

小博士

塔克拉玛干沙漠的水系

由于塔里木盆地是一个内流水系盆地，从周围山顶融化的雪水形成的全部径流都聚集在盆地中，为河流和地下水层供水。沙漠下面的地下水多半有持续不断的水道，从西面流向东部的罗布泊。由于降雨量小蒸发率高，降雨补充的水量微不足道。昆仑山水系河流渗透到沙漠中达100～200千米，然后逐渐在沙漠中干涸。只有和田河穿越沙漠腹地，在夏季偶然可将水流注入塔里木河。

万花筒——"东方庞贝"尼雅遗址

英国籍匈牙利人斯坦因在西方当时流行的考古探险热潮推动下，于1901年1月来到新疆于田。他获得尼雅河流域以北大沙漠里有古代遗址的信息后，找到进入过尼雅遗址的人，并从他们手中购买了几件从尼雅遗址中带出来的卢文木简。信息得到确认后，他带着一批挖掘工人和骆驼队，沿着尼雅河干涸的河床跋涉数天找到了现在的尼雅遗址，他将此遗址正式命名为"NIYASITE"（即尼雅

遗址）。斯坦因的发现，在当时的中外探险考古学术界引起了轰动，因为，尼雅遗址不仅是古代丝绸之路的一处重要遗址，同时也向人们展示了塔克拉玛干大沙漠曾经存在的一个悠久、古老、光辉灿烂的古代沙漠文明，尤其尼雅河三角洲的考古文化揭开了大沙漠环境变迁和历史文化的诸多谜团。

小 知 识

尼雅的前身是古精绝国，位于民丰县北约 150 千米处的沙漠中，周围都是起伏的沙山。

干燥沙砾的乐土——戈壁滩

戈壁滩主要分布在我国西部地区。茫茫戈壁滩上布满粗砂、砾石，踏在上面，沙沙作响。一条条干沟毫无生气地横卧在戈壁滩上。除了一些麻黄、沙拐枣等耐旱植物点缀其间，很少有植物生长，动物也远走高飞了。目睹此景，你才真正领会到"穷荒绝漠鸟不飞，万碛千山梦犹懒"的意境了。

戈壁滩简介

▲茫茫戈壁

戈壁在蒙古语中的原意是"土地干燥和沙砾的广阔沙漠"。戈壁滩东西约 1600 千米，南北约 970 千米，总面积约 130 万平方千米，是世界第五大沙漠。戈壁是蒙古帝国的老家，也是匈奴和突厥的活跃地点，自秦朝以来，历代史书都以"大漠"称之。

普通沙漠的地表覆盖的是一层很厚的细沙状的沙子，同时它也是会自己变化和移动的，因为沙在风力的作用下会随着风跑，沙丘就会向前层层推移，变化成不同的形态。但是戈壁就不会那样了，因为戈壁的地表是由黄土和稍微大一点的砂石混合组成的，其比例大概为 1∶1。在起风的时候吹起的大多是尘土，风力大时也会出现飞沙走石的景观，但是戈壁的地貌是不会改变的。

戈壁是沙漠的前身，戈壁在风蚀作用进一步的侵蚀下就会演变成沙漠。戈壁是荒漠的一种类型，即地势起伏平缓、地面覆盖着大片砾石的荒漠。戈壁地面因细砂已被风刮走，剩下砾石覆盖，因此戈壁滩是砾石质荒漠。

戈壁沙漠地区气候环境恶劣，降雨量少，昼夜温差悬殊，风沙大，风速快且持续时间长。戈壁滩时而静悄悄，静得让人窒息，偶尔一股旋风卷起一柱黄沙悠悠升空，更有一股莫名的静寂气氛。时而狂风大作，飞沙走石，那气势似要把整个自然界消灭在它的威力下，令人畏惧而又无奈。走进戈壁滩，犹如进入原始荒野，满目苍凉，毫无生气。

▲戈壁滩上低矮的麻黄草

戈壁滩形成原因

戈壁滩的形成主要原因是因洪水冲积而成。

当发洪水，特别是山区发洪水时，由于出山洪水能量的逐渐减弱，在洪水冲击地区形成如下地貌特征：大块的岩石堆积在离山体最近的山口处，岩石向山外依次变小；随后出现的就是拳头大小到指头大小的岩石。由于长年累月日晒、雨淋和大风的剥蚀，棱角都逐渐磨圆，变成了我们所说的石头（学名叫砾石）。这样，戈壁滩也就形成了，而那些更加细小的砂和泥则被冲积、漂浮得更远，形成了更远处的大沙漠。

小 知 识

戈壁是粗砂、砾石覆盖在硬土层上的荒漠地形。按成因，砾质戈壁可分为风化的、水成的和风成的三种。

自然传奇丛书